ESP：能源行業語料庫研究

沈奕利　编著

前言

　　ESP 是一種目標明確、針對性強、實用價值高的教學途徑。ESP 的學習者大多是從事各種專業的專門人才和在崗或者正在接受培訓的各類人員，如科學家、工程師、從事商業、金融業等行業的各級各類人員等。目前，在校大學生英語教育也正在由傳統大學通用英語教育向專門用途英語教育轉變。

　　隨著中國學術英語水準的逐步提高，英語被看作一種手段和工具來學習。而如何滿足專業用途需求，高效率地完成專業用途英語的學習，成為當前學術界研究的主要方向之一。

　　隨著計算機技術的發展，語料庫逐步成為探索語言規律的一個重要途徑，通過建立不同目的的語料庫，可以研究語言學的理論。同時，通過語料庫的建立，特別是不同專業目的語料庫的建立，也能夠促進 ESP 教學的發展。

　　已有研究表明，ESP 語料庫的建設和利用能夠提升學生學習專業語言的效果。同時，語料庫教學模式的變革也能夠轉變過去以被動學習為主的思路，從而形成學習者共同學習和主動學習的趨勢。

　　此外，在教師的研究過程中，基於語料庫的語言規律研究也成為當前的一個發展趨勢。語料庫是為一個或多個應用目標

而專門收集的、有一定結構的、有代表性的、可被計算機程序檢索的、具有一定規模的語料的集合。在建設過程中，我們主要採用隨機抽樣方法，收集自然出現的連續的語言運用文本或話語片段來建立語料庫。因此，語料庫實際上是通過對自然語言運用的隨機抽樣，以一定大小的語言樣本來代表某一研究中所確定的語言運用總體，利用科學的統計方法來總結和歸納特定目的的研究主題的規律。

自從 20 世紀 60 年代第一個現代意義上的語料庫——美國布朗語料庫的誕生，大批國內外的專家學者開始致力於語料庫的研究，湧現了眾多有關語料庫和知識庫的專著和論文等。而隨著計算機技術的發展，語料庫建設規模也越來越大，結構也越來越複雜。美國計算語言學學會發起倡議的數據採集計劃，用標準通用置標語言和文本編碼規則統一地對語料庫進行置標，為語料庫的數據化操作奠定了基礎。

由於語料庫的廣泛應用，如今國內外對語料庫的研究也越來越多。語料庫是在計算機統計基礎上形成的，是語言學和計算機科學交叉形成的一門邊緣學科。作為一種新的研究手段，語料庫語言學還為語言研究的現代化提供了強有力的手段，但學科的理論體系還在不斷完善中。目前，語料庫語言學的理論還不十分完備，它還不能跟語言學中的其他成熟的學科（如計算語言學、社會語言學、心理語言學）相提並論。語言學界對其的普遍關注及研究成果的不斷出現也在改善這個學科的處境。

本書利用隨機抽樣的方法，在能源領域專業文獻中抽取一定數量的文獻，對此展開研究。主要目的是從教學的角度出發，探索 ESP 未來發展的方向，研究在 ESP 教學領域建立不同專業語料庫的可能性。

特別重要的是，本書的主要目的是從教學的角度探索 ESP 視角下語料庫的建立及規律的發現。

本書主要有八章內容。第一章介紹 ESP 理論的研究進展，特別是對從語料庫視角探索 ESP 教學與研究的成果進行了總結；第二章對本書採取的能源領域的語料庫構建方法及初步分析得到的詞頻進行了分析；第三章對能源專業英文文獻的語篇特徵進行了分析；第四章基於新能源分類的角度對專業詞彙進行了分析，主要涉及太陽能、生物質能、海洋能和地熱能幾個方面；第五章則從專業文獻角度進行了詞彙總結與分析；第六章從教育視角對專業文獻進行了分析，包含句子分析、學術角度的分析及如何提升專業文獻閱讀能力的建議等；第七章對語料庫常用軟件工具進行了介紹；第八章是從專業英文文獻中摘錄的一些段落，可供學生練習。

總之，該書以能源領域專業文獻為研究對象，構建了樣本數據，進行了詞彙分析，但整個過程還比較粗糙，未來還需要從能源領域內部的分類比較、時代演變等角度進行進一步的分析和研究。

本書適合英語專業本科生、研究生閱讀，也可作為語言學及應用語言學方向研究生學習的參考書。當然，由於作者水準有限，難免存在不恰當和不嚴謹的論述，也不能保證書中每個思路都能帶來有價值的發現，敬請廣大讀者批評指正。

目　錄

第一章　理論研究進展 / 1

第一節　ESP 理論研究 / 1

一、ESP 的發展與 ESP 教學模式的內涵 / 1

二、傳統教學模式的局限性 / 2

三、ESP 教學模式轉變的必要性 / 4

四、互聯網環境下的 ESP 教學模式變革 / 4

第二節　ESP 與語料研究 / 7

一、ESP 視角下語料庫建設的必要性 / 7

二、語料庫對 ESP 教師的學習與教學的作用 / 7

三、語料庫在 ESP 研究中的發展 / 10

第三節　語料庫的研究範圍及構建 / 12

一、語料庫的研究範圍 / 12

二、語料庫的構建過程 / 13

第二章　語料庫詞彙 / 15

第一節　語料庫構建 / 15

第二節　語料庫詞頻統計 / 18

第三章　語料庫段落分析 / 30

第一節　總體特徵 / 30

第二節　能源專業英文文獻語篇特徵分析 / 32

第四章　基於新能源分類領域的詞彙分析 / 54

第一節　新能源發展概述 / 54

一、新能源的定義 / 54

二、新能源的使用情況 / 55

第二節　新能源的種類及專業詞彙分析 / 58

一、太陽能資源領域的詞彙分析 / 58

二、生物質能領域的詞彙分析 / 61

三、海洋能領域的詞彙分析 / 63

四、地熱能領域的詞彙分析 / 64

第三節　新能源專業文獻的寫作方法 / 66

第四節　小結 / 67

第五章　專業文獻詞彙特徵分析 / 68

第一節　專業文獻的詞彙樣本及使用分析 / 68

一、總體特徵 / 68

二、難點詞彙分析 / 70

三、專業文獻的詞彙使用分析 / 74

第二節　專業文獻的詞彙特點總結 / 79

一、專業術語多且詞義專一 / 79

二、次專業詞的大量使用 / 80

　　三、常用不同的縮略詞和合成詞 / 81

　　四、用詞多為不帶感情色彩的中性詞 / 81

　第三節　專業文獻學習要點 / 81

　第四節　小結 / 83

第六章　教育視角下的專業文獻分析 / 84

　第一節　研究方法 / 85

　　一、研究對象 / 85

　　二、材料搜集方法 / 85

　第二節　句子特點分析 / 85

　　一、名詞化結構 / 86

　　二、被動化語態 / 87

　第三節　個案研究 / 88

　　一、學生角度的專業詞彙 / 88

　　二、學生角度的段落分析 / 89

　第四節　提高專業文獻閱讀能力的策略 / 90

　　一、存在的困難 / 91

　　二、基本策略 / 92

　第五節　小結 / 94

第七章　語料庫基本工具介紹 / 95

　第一節　WordSmith Tools 6.0 簡介 / 95

　　一、關於 WordSmith / 95

二、主要功能 / 95

第二節　PowerGREP 5 簡介 / 107

　　一、軟件簡介 / 107

　　二、操作簡介 / 108

第三節　PatCount 1.0 簡介 / 115

　　一、PatCount 1.0 版本的簡介 / 115

　　二、PatCount 1.0 版本的基本使用步驟 / 115

　　三、PatCount 軟件的設定 / 116

第四節　TreeTagger 簡介 / 117

　　一、TreeTagger 操作簡介 / 117

　　二、樣例操作步驟 / 122

第八章　文獻段落示例 / 125

參考文獻 / 134

第一章 理論研究進展

第一節 ESP 理論研究

一、ESP 的發展與 ESP 教學模式的內涵

「專門用途英語」（English for Special Purposes，ESP）的概念由 Halliday 在 20 世紀 60 年代提出來，他系統闡述了如何根據學習者的需求制定教學內容和方法的原則[1]。專門用途英語就是指為了滿足某種特定職業需求而進行的英語教學。基於學習者的特定學習目的和特定需要，形成的 ESP 教學領域是一個專屬的英語教學領域。在 ESP 發展過程中，學術英語和教育英語是率先發展的兩個領域，隨後結合不同行業的需要又分化出商務英語、醫學英語等其他專門用途英語。

在中國 ESP 理論和實踐發展過程中，最早的《大學英語教學大綱》把大學英語教學分成基礎階段和專業閱讀階段，其中專業閱讀階段開設了 ESP 課程，並以 ST（English for Science and Technology，科技英語）為主。經歷了 20 世紀 80 年代末到 90 年代初短暫的科技英語熱之後，ESP 教學的發展幾乎停滯[2]。由於行業需求差異大，難以有統一的教學大綱，一直到現在 ESP 教學仍處於探索階段。

在 ESP 理論研究方面，中國最早開始研究的學者是楊慧中、伍謙光、童登瑩、張義斌等[3]。在 ESP 教學模式研究方面，郝可欣（2014）探討了 ESP 教學模式在大學英語教學中的應用問題[4]。吳婷等（2014）分析了 ESP 教學中常見的三種課程設計模式的優缺點，即以語言為中心的課程設計模式、以技能為中心的課程設計模式和以學習為中心的課程設計模式的特點，由於設計思想不同，導致三種模式在實現教學目標、課程內容方面也具有差異性[5]。錢敏娟（2014）探索了慕課課程模式對 ESP 教學的衝擊問題[6]。

二、傳統教學模式的局限性

教學模式通常是指根據一定理論基礎設計的教師教授方式、學生學習方式，以及結合課堂組織方式、課堂教學內容等方面的特點構成的一種教與學綜合機制。如從教師授課角度出發形成的單一教師授課模式；考慮學生為主的自主教學模式；考慮師生互動的課堂講解、活動實驗室和學生自主學習為一體的三位一體教學模式等。因分析角度的不同，教學模式的實踐和理論總結也呈現多態化的特點。

隨著中國經濟的發展，國內能源結構發生了巨大變革。1993 年中國步入石油淨進口國行列，因此如何與國外企業合作，構建走出去的戰略也成為中石油公司的發展戰略之一。東南亞、非洲、大洋洲、南美洲，都有與中石油公司合作的企業。進入 21 世紀，除中石油外，中國海洋石油總公司和中國石油化工集團也都加入了海外石油開發的行列。從近十年中國海外石油投資的發展歷程可以看出，中國的海外石油開發業務正在逐步由小到大、由點到面，顯示出良好的發展前景。然而，在走出去的過程中，人才匱乏成為制約發展的嚴重瓶頸。目前，中國能源領域的人才隊伍整體素質不高，大多數人知識面相對窄小，

技能比較單一，懂技術的不懂英語，會英語的又不懂技術。由於中國員工外語水準不夠，有的項目在執行途中被迫強行停止，甚至有的項目乾脆要求換人。如中石油在沙特的鑽井項目，因司鑽不能用英語正常交流，不得不從菲律賓等處高薪聘請英語好的技術人員。目前，中國缺少一批懂專業技術又有經濟頭腦和管理經驗的、與跨國經營相匹配的高素質的人才，這已成為中國企業拓展海外項目的重要障礙。

此外，在走出去的過程中，中國企業與國外企業的合作形式也在不斷豐富，出現了合作開採、產量分成、參股或收購、海外併購等多種合作形式。這對能源領域人才培養提出了新的要求。

新的能源領域發展形勢對人才培養提出了新的要求，但傳統的教學模式難以實現當前的新要求。這主要是傳統教學模式具有一定的局限性。

首先，從傳統 ESP 教學的教學者對 ESP 教學影響方面來看，ESP 教學的教學者應該由專業教師承擔，還是由外語教師承擔一直是一個具有爭議的問題。由於專業教師專業教學任務量重、科研壓力大，且高校對專業教師的考核指標通常以專業內容為主，較少有高校對專業教師設置了規範化的專門用途英語教學的考核，因此難以避免以專業教師為主的 ESP 教學不夠重視英語，偏重專業文獻的解讀。而由外語教師承擔 ESP 教學又存在專業知識不足的問題，導致很多外語教師在教授專業知識時出現畏難心理，同時外語教師獲取相關專業知識的教學資源也非常困難。

其次，從 ESP 教學的學習者方面來看，針對不同用途的學習者，ESP 教學沒有規模化、規範化的教材和教綱。這一方面是由於現實教學體系對 ESP 教學重視不夠，另一方面是由於教材編寫主體沒有從事該方面工作的動力。

最後，從 ESP 教學要適應當前新要求的情況來看，ESP 教學的本質應該是滿足學習的實際應用目的。沒有真實的應用情景一直是 ESP 教學效果不佳的重要原因之一，因此也難以實施基於情景的教學方法。在傳統的 ESP 教學模式中，無論是由專業教師教學，還是由外語教師教學，都不可避免地會更多地利用文字材料。

三、ESP 教學模式轉變的必要性

首先，考慮到目前中國能源領域海外發展的形式，能源領域中的技術型人才，特別是參與海外業務的技術型人才應該具備較高水準的專業英語交流和溝通的能力。這種能力是中國能源領域和海外企業順利合作的基礎保障。

其次，參與海外合作的能源領域中的商務型人才需要具備談判、溝通等綜合商務英語運用能力，這是中國能源領域與海外企業能夠建立多種合作形式的基礎人力資源保障，也是推動中國能源領域能夠完成高質量合作的關鍵。

最後，參與海外合作的能源領域中的綜合型人才還需要具備在不同環境下，對多部門企業、多專業人士進行協調的能力，這需要綜合型人才足夠瞭解當地英語的特點，才能夠保障理解準確、協調順利。

由此可見，能源領域新的發展形式要求能源領域高校 ESP 教學模式進行變革，由此來保證中國能源領域人才在英語技能方面的需求。

四、互聯網環境下的 ESP 教學模式變革

IT 行業在近十年來的發展非常迅猛，教育行業受到的影響也是非常大的。從最早的利用計算機設計課程內容，到利用多媒體系統進行課堂教學，發展到現在利用互聯網提供的基礎設

施分享教學資源、共享教學經驗、即時解答學生問題等多種形式的應用。特別是國外近幾年發展起來的大規模、開放式在線課程，不僅簡單地展示網絡公開課的內容，同時為學習者提供了互動的工具，由此能夠形成基於一門課程的網絡社區，創造出真正的空中課堂。由國外著名高校推動的這場運動也吸引了國內眾多高校的參與，形成了一股強烈的慕課風暴，由此也對所有學科的教學模式帶來了新的影響。

互聯網的發展在一定程度上為解決 ESP 的問題提供了方法，也為基於互聯網視角的 ESP 教學模式變革提供了機遇。由此，本文從能源領域高校學生的需求、教學資源的整合、教學方法變革及教學過程變革四個角度闡述能源領域背景下的 ESP 教學模式變革內容。

在學生需求方面，由於能源領域高校大部分專業均是圍繞能源領域設立的，學生的需求並沒有出現過度分散的情況。考慮到大量學生畢業後將從事石油相關的各個領域，因此突出專業情景下的英語學習成為能源領域高校較為集中的 ESP 教學目標。這種集中的學習需求為 ESP 教學實施提供了便利性。這不但有利於外語學院集中主要力量組織教學，同時方便教師之間互助合作，解決單個教師難以完成的任務。

在教學資源整合方面，以學科內容為依託的語言教學，是指將語言教學建基於某個學科或某種主題內容教學之上。以往由於各種限制難以提高有效的教學資源，而互聯網則提供了豐富的資源作為教學資源的基本素材。例如，在能源領域中，通常會在野外勘察時用英語交流、在石油設備使用過程中用英語交流、在採油現場使用英語溝通和交流。這樣情景下的專業詞彙和使用方法如果沒有結合具體的實物和情景，很難給學習者做出合理的解釋，並讓學習者真正理解和合理的應用。而互聯網提供了各行各業專業背景下的情景動畫和視頻資源，這些資

源具有碎片化和具體化的特點，作為 ESP 教學的實施者只需要選擇合適的情景片段，並根據該片段，擴展教學內容即可，由此降低了教學資源組織的難度。此外，外語學院集中全體教師力量，為每位 ESP 教學者分配任務模塊，最後整合為 ESP 教學資源，從而弱化了沒有教材的負面影響。

在教學方法變革方面，構建結合互聯網的情景教學方法是改善 ESP 教學效果的利器之一。情景教學法是在課堂上通過語境來學習語言知識或在語境中應用已學語言知識最終達到培養語言交際能力目的的一種教學方法。學習者根據自己在情景中的身分，在課堂上反覆演練，由此可以提高學習效果。同時，要求學習者在課堂上利用互聯網資源尋找與教師設定背景相同或類似的情景視頻，並發現交流同一內容的不同表達形式，這不但能夠促進學習者的積極性，通過教學者的及時解答也能夠提高學習者的學習效率。

在教學過程改革方面，互聯網在提高豐富資源的基礎上，也為教學過程的實施提供了有效載體。構建以 ESP 教師為主，專業教師為輔的教學過程實施體系是 ESP 教學模式變革的另一重要內容。課前，ESP 教師可以通過公告板、郵箱、即時通信軟件等各種形式的工具把課堂內容發布出去，同時專業教師給出情景中所需的專業知識素材。學生結合 ESP 教師提出的任務，掌握相關詞彙、語法等內容。課中，學生可以通過模擬情景人物，鍛煉專業交流能力；通過師生互動，擴展不同表達方式。課後，基礎較弱的學生，可以通過網絡互動練習，再加強鞏固。

由此可以看出，基於互聯網的能源領域高校 ESP 教學模式變革由於突破了以往難以獲取專業情景教學素材、難以設計高質量教學資源等方面的局限性，使學生能夠在學校就接觸到未來的英語工作場景，既能夠有針對性地培養學生專業方面的英

語技能，又能夠激發學生的學習興趣，由此實現專業英語交流和溝通的能力，商務談判與溝通能力等方面的提升。

第二節　ESP 與語料研究

一、ESP 視角下語料庫建設的必要性

ESP 這一學科比起普通的 EGP（English for General Purposes）英語教學來說擁有極強的專業性，更需要有一定的真實的語料庫。在 ESP 教學中引入語料庫技術最為直接的好處就是能夠在短時間內收集和接觸到大量的真實語料，尤其是那些正在使用的、適合做教材內容的語料。通過語料庫電子技術的統計、篩選和加工能夠建立科學的詞彙庫[7]。

對於學生來講，由於有了專業的語料庫，能夠更高效地學習專業內容，起到事半功倍的效果。而互聯網技術的發展為語料庫建設提供了便利工具。歷史上首個基於計算機語料庫思想和方法提取的學術詞彙表由 Coxhead（2000）發表於 *TESOL Quarterly* 雜志，並由此開創了計算機輔助詞表開發的先河。Coxhead 創建了容量為 350 萬詞，覆蓋人文、商業、法律及科學 4 大類 28 個學科的學術英語語料庫。他借助 Range 語料庫分析軟件，在 West（1953）創建的一般用途詞彙表（General Service List，簡稱 GSL）的基礎上，提取出 570 個 AWL 常見學術英語詞族，並實現了平均 10.0% 的語料覆蓋率[8]。

二、語料庫對 ESP 教師的學習與教學的作用

參加培訓、自學與專業教師合作，是向 ESP 教師轉型的三大主要途徑。其中，在 ESP 教師自學過程中，語料庫無疑為其

提供了一條有效道路。考慮到語料庫建立是通過特定的統計方法瞭解某一時代、地區、學科或某一行業內所使用語言的特點。這些特定的詞彙可能不是專業術語，但卻是某些領域裡使用頻率最高的詞和表達方式。因此，從教師的角度考慮，對某一專業高頻詞彙的掌握是教師快速瞭解這一行業的捷徑之一，教師進而可以制定教學大綱、教學計劃。通過對高頻詞彙以及其常用搭配的學習，同時可以對某一新學科有基本的認識。

教師可在大型語料庫中選擇跟自己專業相關的子庫，借助專業軟件通過詞頻統計得到 1,000 個左右使用頻率最高的詞及這些詞的常見搭配，這些篩選出來的詞表便是學生進行專業文獻閱讀的基礎，也是 ESP 教學的主要部分。同時，對於沒有現成的權威語料庫可借鑑的專業，也可以通過自建語料庫，收集該領域發表的權威英文學術論文進行詞頻統計，再依次完成上述步驟[9]。

具體到教學中，ESP 教師可以通過分類語料庫找出相關專業的篇章庫，循序漸進地選擇不同難度的、有代表性的篇章供學習者閱讀，並將統計出的專業詞語的重複信息、搭配信息、出現頻率信息等通過編習題、編教材、編詞彙表等方式傳遞給學習者，以減少實際使用與課堂教學的差距。

詞彙是語言學習的關鍵。秦秀白將 ESP 教學原則歸為三點，分別是真實性、需求分析和以學生為中心。其中「真實性」（authority）是 ESP 教學的靈魂。語料庫可以為 ESP 教學提供最真實的行業詞彙、搭配習慣，展示語篇特點。學生可以通過學習真實情境中提取的語料，切身感受到所學專業的語言習慣其至交際習慣[10]。有研究表明：把基於學習者語料庫的仲介語應用到外語教學中，能夠瞭解學習者語言運用特徵及典型困難，進而開展有效的課堂干預；同時基於學習者語料庫的數據驅動學習，使學習者通過分析正面和負面語言證據，從而提高語言

意識，並通過練習加強語言學習[11]。

長期以來，中國傳統的詞彙教學採用的是定義學習法，該方法只要求記憶單詞的某一種含義，沒有把單詞放在一定的社會文化背景中去理解，使得學生學習單詞的效率很低並且對單詞的理解很膚淺。傳統的詞彙教學只是強調擴大詞彙量，加強詞彙記憶，並沒有涉及單詞的應用能力。而利用海量的語料庫數據，不但可以觀察和概括歸納語言現象，自主發現語言的用法規則，考察詞彙的密度、多樣性和複雜度，而且能夠對詞彙的難易度、詞義的搭配特點有一定認知[12]。

在用語料庫和多媒體相結合所搭建的平臺上，學生可自由選擇學習材料，根據語料庫軟件工具進行相應的檢索。教師根據教學目標和教學內容從語料庫中選擇合適的內容製作出圖文並茂的教學課件，針對學生的特點和語言能力確立個性化的教學設計。教師可以使用語料庫解決教材中所出現的問題，同時通過使用語料庫進行課堂活動，引導學生獨立尋找問題答案並參與課堂交流[13]。

已有的研究表明，這種教學方式能夠顯著提高學習者 ESP 的詞彙搭配和辨析能力，並幫助他們盡快掌握專業核心詞彙[14]。Thurstun 和 Candlin 也認為，語料庫語言學對 ESP 教學的影響主要表現在專業詞彙的研究和教學上。英語教師有語言方面的優勢，但缺少專業知識，他們面臨的最大困難是不熟悉專業詞彙。語料庫不僅可為教學提供真實的數據，而且也將一種全新的方法帶進課堂，這有利於將傳統的以教師為中心的知識傳授型教學轉變為以學生為中心的知識探索型教學[15]。

ESP 教學是大學英語教學改革的大勢所趨。大學英語教師要成功轉型為既有語言優勢又有一定專業知識的 ESP 教師，才能在大學激烈的競爭中繼續生存和發展[16]。在傳統的側重語言學和文學的模式下培養出來的大學英語教師雖然已經具備了語

言技能和語言教學經驗上的優勢，但缺乏專業知識。要彌補這一短板，需要突破的是專業詞彙這個瓶頸。借助 ESP 語料庫，運用統計學原理和計算機技術，大學英語教師可以挖掘專業文本的詞彙特徵，把握專業文本的語言結構和模式，增進對專業知識的瞭解，順利實現向 ESP 教師轉型[17]。

三、語料庫在 ESP 研究中的發展

基於語料庫的 ESP 教學研究主要包含三個方面，一是學術英語口語語料庫的創建與應用。如 Simpson 等人（2000）不但建立了學術英語口語語料庫，而且利用語料庫設計了學術英語詞彙和閱讀寫作教材[18]。二是語料庫語言學成果的應用。如 Oliveira 在語料庫語言學方法的指導下，對 ESP 教學和文學研究進行了探討。三是語料庫驅動方法的應用。如 Milizia 將語料庫驅動的方法運用於 ESP 教學實踐[19]。

總之，ESP 語料庫的研究成果隨著時間的推移越來越豐富。在中國知網搜索關鍵詞「ESP」和「語料庫」，發現關注 ESP 及語料研究的文獻逐年增長，如圖 1-1 所示，近幾年一直維持在 20 篇左右，而 2010 年及以前，每年發表的相關論文只有幾篇。

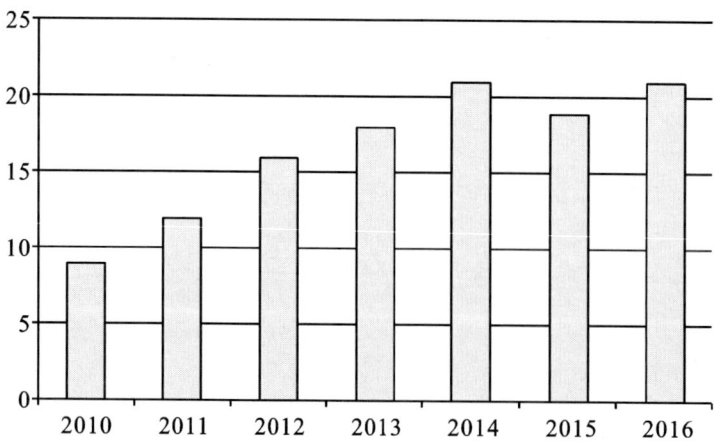

圖 1-1　對「ESP」與「語料」研究的趨勢

　　由此也可以看出，語料研究已經成為 ESP 研究中的一個重要內容。這些研究已經涉及不同行業、不同用途的 ESP。比如，施稱和章國英（2015）通過自建醫學英語語料庫來輔助教學改革，探討了該語料庫在醫學術語、醫學英語、寫作及聽說課程中的相應運用[20]。

　　如果從培養研究者理性思維的角度分析，基於語料庫的教學研究應該能夠給外語教師們帶來一種新的研究方法。由於語料庫具有高速、準確、清晰和相關度高的信息檢索優勢，並且能提供被檢索項出現的具體環境。這些優點與人腦在設計檢索目標，觀察檢索結果和進行深加工研究時所特有的邏輯性、目的性和推理性結合在一起，很自然就形成了研究者的批判性思維過程。所以說，運用語料庫進行教學和教育研究有利於培養研究者的觀察能力和思考能力。因此語料庫不僅僅是教師們獲得教學資源的寶庫，更應該是教師們總結教學規律的工具。教師們可以基於語料庫進行專業英語教材研究，分析專業英語相關詞彙、話題、語法等內容的規律[21]。

　　此外，通過自建的特定語料庫或者分類語料庫分析某個特定領域的專業人員在實際情景中使用的語言，並得出這一專業經常使用的語言的特點，這樣能夠保證研究素材的真實性[9]。而大量專業文獻數據庫的便利性又有助於研究者分析不同領域、不同年代的專業語言的特徵，研究者通過比較其中的差異性，可以豐富語言研究領域的視角和認知。

第三節　語料庫的研究範圍及構建

一、語料庫的研究範圍

語料庫研究的歷史大致可分為三個階段。第一階段是18世紀開始至20世紀50年代，這是一段平穩發展的時期，此時對語料庫的研究還處在原始手工分析階段。第二階段是20世紀50年代至90年代，20世紀50年代後，對語料庫的研究短暫中斷，60年代是一個轉折期，70、80年代，相關研究繼續發展，出現了第二代電子語料庫。第三階段是20世紀90年代至今，90年代以後對語料庫的研究開始快速發展，逐漸滲透到語言研究各領域[22]。

20世紀90年代以來，語料庫逐漸由單語種向多語種發展，各種語料庫深加工技術層出不窮，語料庫在語言研究各領域得到更加廣泛的應用。其突出的特點有：語料庫建設的規模大、語種多；語料庫應用範圍不斷擴大；網絡語料庫獲得進一步發展。專用語料庫也將得到進一步發展。特別是Tim Johns在20世紀90年代初提出「數據驅動學習」（data-driven learning，簡稱DDL）的觀點後，一種新的基於語料庫數據學習外語的方法開始挑戰傳統的以教師和教科書為中心的教學模式和思路[23]。

語料庫的研究範圍非常廣泛，如構建語料庫分析社會語言學的語言變化趨勢的研究[24]；比較英、漢兩種語言在中動結構的類指與定指上的共性，考察與之對應的語義變化、語用差異，以及在隱含施事方面的深層機理[25]；通過語料庫構建探索中國的英語新聞中詞彙與主題表達之間的相互關係及詞彙的使用和語言學特徵[26]；通過對比參照語料庫研究文學文本語言的顯著

特徵，驗證在語料庫語言學迅速發展前學界所歸納出的言語與思想表達方式的完整性，驗證基於直覺判斷和理性分析的文學評論的合理性；探索超越驗證文學評論的階段，做到定量分析和定性分析相結合的研究[27]。

在教學研究範圍中，如探索口譯教學的特點，構建面向教學的口譯語料庫[28]；探索口譯文本的語篇特徵、口譯實踐策略、口譯相關理論和概念的驗證與發展，構建多類型、不同性質語料庫，促進口譯研究與教學的協調發展[29]；探索單語語料庫與翻譯研究相結合，改變傳統翻譯教學模式的研究[30]。

總體而言，中國學者對語料庫語言學的研究主要集中於教學、翻譯、詞彙、語義、辭典和語法六方面（約占總數的80%），而細觀這幾方面的研究更多的是停留在對單詞、詞組研究的階段。國外對語料庫語言學的研究則已經逐步成熟，成功從對語言詞彙的研究上升至對語法、語篇的研究[31]。

二、語料庫的構建過程

1. 語料搜集

語料搜集要考慮語料庫的建設目的。如在構建對比語料庫時需要考慮搜集語料時採取的原則，如來源相同、發布時間相近、主題內容相似等原則[32]。對於構建特定內容的語料庫還要考慮語料的搜集範圍，如構建高校英文專業語料庫就需要考慮是否搜集國外高校，還是只搜集國內高校的英文網站，還應考慮搜集網站簡介、學校宣傳冊、教學資料等內容是否合適和是否足夠實現建設目的[33]。

2. 語料庫信息定義

詳細的語料庫信息字段應該包括兩種：語料外信息字段和語料內信息字段。語料外信息指的是語料內容本身之外的一些信息，不牽涉語料本身，只是一些外部因素的描述。如描述語

料載體性質（報紙、雜誌、圖書、電影、電視、廣播）的媒體；描述語料具體來源的媒體名稱（網站名、雜誌名等）；語料發布的時間；語料作者等。語料內信息主要指的是語料內容本身的信息，包括描述語料性質的語體（口語或書面語）、描述語料文體性質的體裁、語料類別（主題類別）、標題、關鍵字、正文、字數等[34]。

3. 語料庫元信息標註

對語料庫中的各類文本進行合理的元信息標註，以便按照用戶設定的條件，從語料庫中抽取不同類型的雙語對齊文本。擬將元信息與文本分別獨立保存，即元信息脫離文本本身，便於對文本內語言信息快速檢索。

4. 語料庫的語言學標註

語料庫標註是為語料庫文本添加解釋性信息和語言學信息的活動。標註的具體實施即是對文本某些元素或特徵添加預定的標籤，通常分為計算機自動標註、計算機輔助人工標註和人工標註三類。在設計過程中，標註方案通常指一系列預定碼的標註規則。比如結構標記（即文本外部信息和內部結構信息）、詞性賦碼、語法標註（包括句法分析、語義標註）、話語標註等[35]。

5. 語料庫的分類原則

語料庫的文本分類的研究比較豐富，涉及的領域主要有機器學習、信息檢索、模式識別等多個方向。文本分類的研究囊括了詞頻統計分析、句法分析和語義分析等[32]。

6. 選擇功能匹配的軟件工具

元信息檢索系統，用於根據用戶的設定從語料庫中抽取文本；標註文本還原系統，用於析出便於用戶閱讀的檢索詞及語境；基於網絡的平行語料庫檢索系統，用於準確、高效地對語料庫進行檢索[36]。

第二章 語料庫詞彙

第一節 語料庫構建

本書選擇 EBSCO – Academic Search Complete，Science Direct，Springer，SAGE 作為主要專業文獻數據來源。通過隨機抽取的方法選擇了能源領域的 100 篇文獻作為研究的樣本。在選擇過程中，為保證對能源領域的全覆蓋，由某高校能源相關領域的學生分別給出本專業的研究主題，以此為關鍵詞進行搜索。

此外，為研究教學視角中的主題，在語料庫構建過程中，分別由 100 名本科學生在這 100 篇論文中選擇一段進行閱讀和分析，並根據要求給出自己的理解和判斷，由此形成該語料庫的附加部分，即學生學習專業文獻的學習材料語料庫。

本書的所有分析均是基於該語料庫展開的。表 2-1 是本書中所選文獻期刊的來源。

表 2-1　　　　　　　　文獻期刊來源

AAPG Bulletin	Geochimica et Cosmochimica Acta
Acc. Chem. Res.	Geothermics
Acta Astronautica	Industrial and Engineering Chemistry

表2-1(續)

Advances in Colloid and Interface Science	Int. J. Miner. Process.
American Association for the Advancement of Science	internationla journal of hydrogenenergy
American Journal of Physics	J. MATERIALSFORENERGYSYSTEMS
Angew. Chem. Int. Ed	J. Mech. Phys. Solids
Ann. Rev. Phys. Cher.	Journal of Cleaner Production
Annals of Nuclear Energy	Journal of Colloid and Interface Science
Applied and Environmental Microbiology	Journal of Energy Storage
Applied Biochemistry and Biotechnology	Journal of Petroleum Science and Engineering
Applied Energy	Journal of Power Sources
Biochar Bio-energy	Journal of the European Ceramic Society
Biomass and Bioenergy	Journal of Wind Engineering and Industrial Aerodynamics
Bioresource Technology	Marine Environmental Research
Catalysis Today	Org. Geochem
Chemical Engineering and Processing	Org. Geochem
Chemical Engineering Science	Petroleum Exploration and Development
CONTEMP. PHYS.	Petroleum Science and Technology
Energy and Power	Photochemical Conversion of Solar Energy
Energy	Phys Rev D Part Fields
Energy & Fuels	Physical Review Letters
Energy and Buildings	Prec. Indian Acad. Sci

表2-1(續)

Energy Conversion and Management	Renewable and Sustainable Energy Reviews
Energy Policy	Renewable Energy
Energy Procedia	Science
EnergyPolicy	Social Institutions and Nuclear Energy
Environ. Sci. Technol.	Solar Energy
Environmental Sustainability	Solar Energy Materials & Solar Cells
Expert Systems with Applications	Solar Physics
Fuel	Thermochimica Acta
Fuel ProcessingTechnology	Transactions of the ASME
Genetica	Waste Management

在文獻年代分佈方面，本書主要選擇1990年後的文獻，特別是近十年來的文獻，同時也選擇少量1990年前的文獻。本書所選文獻的總體分佈如圖2-1所示。

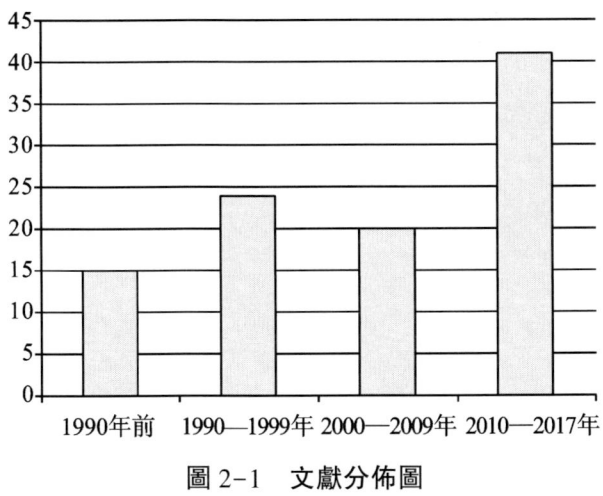

圖2-1 文獻分佈圖

第二節　語料庫詞頻統計

　　由於搜集的專業文獻篇數相對較少，難以真正反應能源領域研究進展中的語言特點，而專業文獻摘要是濃縮了整個研究內容的精華，其專業詞彙更具代表性，因此在對語料庫的語頻進行統計時，以文獻摘要為基礎。

oil-in-water	水包油，混油泥漿	11
Arrhenius plot	阿利紐斯作圖法	2
average rate constant	平均速率常數	3
bituminous coal	菸煤	1
carbon	碳	11
CO conversions	CO 轉化率	3
gasification conversion	氣體轉換	1
gasification rate	氣化速率	8
gasification temperature	汽化溫度	3
kinetic parameters	動力學參數	1
NWP（numerical weather prediction）	數值天氣預報	5
partial pressure	氣體分壓	11
water-gas shift	水煤氣變換	12
2, 4-dinitrophenol	2，4-二硝基苯酚	1
allozyme	異型酶	25
acidification	酸化	2
activation energy	活化能	13
actual growth yield	實際生長產量	1
adsorption	吸附作用	21
aerobic cultures	有氧培養物	2
algorithm	運算法則	4

aliphatic	脂族的	2
alkane	烷類	4
alkylated	烷基化	15
alkylbenzene	烷基苯	2
alternative fuel	代用燃料	1
anthropogenic emissions	人為排放	1
apparent rate constant	表觀速率常數	3
arable land	耕地	9
aromatic	芳香族的	9
ash content	含灰量	5
Asia-Pacific Economic Cooperation	亞太經濟合作組織	5
asphaltenes	瀝青質	2
asymmetries	不對稱性, 非對稱	7
atmospheric pressure	大氣壓	2
autosampler	自動進樣器	1
battery capacity	蓄電池容量	3
benzene	苯	10
benzene disulfonic acid	苯磺酸	5
bioaugmentation	生物強化技術	32
biodegradation	生物降解	13
biodiesel	生物柴油	45
bioenergy chain	能源鏈	4
bioethanol	生物乙醇	16
biogas	沼氣	19
biomarker	分子標志物;生物標記物	11
biomass	生物量	167
bitumen	瀝青	12
bitumen-based	瀝青基	2
bulk density	容積密度	9
capillary	毛細管	4

carbonate	碳酸鹽	4
catalytic	接觸反應的；起催化作用的；催化劑	14
catalytic combustion	催化燃燒	2
chemostat culture	恒化器培養	2
chip piles	芯片樁	4
chlorella	小球藻	1
CHP plant	集中供熱廠	8
chromatographic	色譜分析法；色層分析	10
chrysene	䓛（丙酮中）	5
clinker substitution	熟料替代	1
clones	無性繁殖系；克隆	11
closed-system programmed-temperature pyrolysis	封閉系統程序升溫熱解	4
CO_2	二氧化碳	26
coal	煤炭	83
coal-chars	煤焦炭	6
coalfired power	火力發電	1
coal-fired power plants	燃煤電廠	2
co-combustion	混合燃燒	7
cogenerate	利用工業廢熱發電	19
cogeneration system	熱電聯產系統	1
column	柱	11
continuous culture	連續培養	5
converter	變壓器	19
coupling architectures	耦合結構	6
crankcase	曲軸箱	35
crude	原油；天然物質	47
crude oil	原油	90
DC	直流電	18

DE	判定元件	2
decomposition	分解；腐爛	7
demand profiles	需求曲線	9
dependent variables	因變量	3
deuterium	氘	1
diagram	線圖	3
dibenzothiophene	二苯並噻吩	7
diesel	柴油	14
diluted	稀釋的	2
dimethylnaphthalenes	二甲基萘	1
dispersions	色散特性光的色散；離散	6
distillate	餾分油	2
dry weight	干重	5
dummy variables	虛擬變量	8
dynamic	動態；動力學	10
ecological	生態的	2
ectoxicology	生態病毒學	1
eigenfunction	特徵函數	3
electric effiency	電機效率	1
electric heat pump	電熱泵	1
electric motor	電動機	17
electrical	電氣學的	6
electricity	電力	3
electrochemical cells	電化學電池	1
electrolyser	電解槽	7
electronics	電子	1
emulsion	乳劑	12
energy carrier	能量載體；載能體	9
Energy Commission	能源委員會	9
energy consumption	能源消費	8

energy efficiency	能源效率	3
energy guzzlers	能源消費者	1
energy management	能源管理	41
energy reserve polymers	能量儲備聚合物	5
energy transition	能源轉型	1
energy-sufficient growth	能源充足增長	6
enzymatic hydrolysis	酶水解	2
Eocene	始新世	52
EROC	碳排放能量收益	44
Escherichia	大腸杆菌	5
ester	酯	9
ETBE	叔丁基醚	6
ethanol	乙醇	34
ethoxylated	乙氧基化	29
ethylbenzene	乙苯	1
ethylene	乙烯	1
eucalyptus	桉樹	1
exergy	放射本能	2
extrapolation	外推法	13
fertilization	施肥、受精	22
filter	濾波器	4
flat tariff	單一關稅	12
fluorene	芴（甲醇中）	3
fossil energy	化石能源	2
fossil fuels	化石/礦物燃料	38
fossil-based energy system	化石能源系統	1
freeze Stress	應力凍結	1
fuel specifications	燃料規格	3
fuel-cell	燃料電池	49
fused	熔凝的	2

gas	氣	54
gas hydrate	天然氣水合物	197
gasification	氣化	48
gasoline	汽油	13
glycogen	糖原；動物澱粉	1
GPC（gel permeation chromatography）	凝膠滲透色譜法	9
gradients	變化率	3
gravimetric	重量分析的	1
grid	（輸電線路，天然氣管道等的）系統網絡	8
growth yield	增長收益	11
Hamiltonian	哈密頓量	11
heat pumps	熱泵	24
heating oil	民用燃料油	2
heavy clay soils	重黏土	1
helium	氦	2
heterozygosity	雜合性	42
hierarchical energy management	層次能源管理	2
high grade fuel	高級燃料	1
high-energy	高能	3
high-power	大功率	5
HIRLAM（high-resolution limited area model）	高分辨率有限區域模式	19
homologues	同源的,同系的	5
humus rich soils	富含腐殖質的土壤	2
hybrid energy storage systems	混合儲能系統	6
hydro	水	34
hydrocarbons	烴類；碳氫化合物	15
hydrofracking	水力壓裂法	2
hydrogen	氫	12

hydrogen production	氫的生產	1
hydrolysis	水解	6
hydropower	水電	2
ignition stability	點火裝置穩定性	2
indeterminate constant	不定常數	3
inflation	通貨膨脹	1
intarmolecular vibration	分子內振動	6
integration	集成	5
intarmolecular	分子間的	1
International Energy Agency	國際能源署	5
inverter	變頻器	1
ionization	電離；離子化	2
irradiance	輻照度	29
isomer	異構體	7
isoprenoids	類異戊二烯；甾類	1
iterations	迭次代數	1
K_2CO_3	碳酸鉀	3
Klebsiella aerogenes	克雷伯氏菌	2
layer	層次；膜	6
lead-acid	鉛酸	3
liquefied natural gas	液化天然氣	3
liquid biofuels	液體生物燃料	14
lithium	鋰	6
lithium ion battery	鋰離子電池	1
lithium-ion	鋰離子	5
load	負荷	18
load profiles	負荷曲線	5
low energy specific installation costs	低能耗特定安裝成本	1
low-pass filtering	低通濾波	3
LPG	液化石油氣	2

LSSPV	大型太陽能光伏	6
alfalfa	苜蓿	4
maintenance energy	維持能量	8
MATLAB	一種用於數學計算的程序	4
maximum specific growth rate	最大特定生長率	7
melting point	熔點	3
membrane	膜	16
meteorological variables	氣象變量	1
methyl	甲基	19
methyl ester	甲酯	6
methyldibenzothiophene	甲基二苯並噻吩	1
methylphenanthrenes	甲基菲	1
microbe	微生物	2
micro-hydraulic	微型水力	9
MMC	壟斷與合併委員會	3
modular experimental test-bed	模塊化試驗臺	2
moisture content	含水量	43
MSW	城市生活垃圾	4
N_2	氮氣	5
naphthalene	萘類	7
nitrate leaching	硝酸鹽淋失	4
nitrogen	氮	6
nitrogen oxides	氮氧化物；一氧化氮	3
NMR（nuclear magnetic resonance）	核磁共振掃描	42
NO emissions	一氧化氮排放	2
nonferrous	有色	1
nonionic	非離子的；非離子物質	8
non-metallic mineral products	非金屬礦產品	2
nonylphenol	壬基苯酚	19
nuclear energy	核能	2

oilseed	含油種子	9
oligomer	低聚物	17
optimization	優化	22
Orimulsion	奧里乳油	87
oscillation	振動	34
oxidation	氧化	27
oxidative phosphorylation	氧化磷酸化	1
oxide	氧化物	1
oxygen consumption rate	耗氧率	2
parameter	參數	8
payback period	投資回收期	29
peak power	峰值功率	4
peak shaving	調峰	7
pellets	球團礦	8
perennial crops	多年生作物	1
permafrost	永久凍土	1
phenanthrenes	菲類	4
phosphate	磷酸鹽	3
photosynthetic production	光合生產	1
photovoltaics	光電池	1
physiological counterpart	生理上的對應	3
phytane	植烷	1
piezoelectric ceramic	壓電陶瓷	27
pipet	移液管	1
polycyclic	多環的；多相的	2
poly ethoxylated	聚乙氧基化	26
power flow decomposition	潮流分解	5
power-to-gas	電力煤氣	2
power-to-heat	光伏；太陽光電	11
P_r	風力機額定功率	1

prefilter	初濾器；預濾波	2
primary fuel	初級燃料	1
pristane	姥鮫烷	1
proven oil	已探明石油	1
pulverized coal	煤粉	4
PV	光伏	25
PV generation	光伏發電	15
PV panel	光伏板	1
PV power	光伏電力	4
PV-systems	光伏配置	2
pyrolysis	熱解	69
radiation exposure	輻射照射	1
RCG	放射心電圖	59
redox-flow	氧化還原液流	3
reference group	參照組	8
regional	局部的；整個地區的	20
renewable energy	可再生能源	38
renewable energy sources（RES）	可再生能源	113
reserve margin	準備金餘額	3
residual heat	剩餘熱	1
risk-intensive energy sources	風險密集型能源	1
RME（rapeseed methyl ester）	生物柴油	117
rooftop PV	屋頂光伏	9
salix	沙柳，柳屬	13
saturates	飽和物；飽和烴	8
SCCR	標準煤耗率	23
seismic	地震	63
self-discharge rate	自放率	3
SEM	掃描電子顯微鏡	8
shrinking-core model	縮核模型	5

silica	二氧化硅	3
simulink	仿真分析	4
siphon	虹吸管；虹吸	1
samarium ion	釤離子	2
Socio-demographic	社會人口學	2
sod peat	SOD 泥炭	1
soil erosion	土壤侵蝕；水土流失	1
solar	太陽的	1
solar energy	太陽能	77
specfic maintenance rate	具體維持率	5
spectrometry	光譜分析；光譜測定法	2
starch	澱粉	2
state of charge	充電狀態	6
steranes	甾烷	2
storage product	儲存產物	4
strip saturation model	帶飽和度模型	14
structural equation modelling	結構方程模型	1
substrate	酶作用物	3
sulfur	硫黃	54
sulfur compounds	硫化物	3
sunflower methylester	向日葵甲酯	15
supercap	超級電容	8
surfactant	表面活性劑	71
sustainability	可持續性	9
sustainable energy	可持續能源	1
sweet sorghum	甜高粱	19
synergetic effects	協同增益	1
synthesis gas	合成氣	41
terpanes	萜烷	5
the available data	可用數據	3

the char-CO_2 reaction	煤焦-CO_2氣化反應	1
the slope of the line of regression	迴歸直線的斜率	2
thermal load curves	熱負荷曲線	1
thermodynamic	熱力學的	5
time-of-use tariff	時間關稅	10
titration	滴定；滴定法	1
toluene	甲苯	1
uranium	鈾	1
vacuum	真空	1
validity of the linear relation	線性關係的有效性	2
vectors	向量	2
vegetation zones	海拔高的植被區	1
volatiles	揮發物	1
voltage	電壓；伏特數	22
volume-reaction model	體積反應模型	11
water-soluble hydrophobically associating polymers	水溶性疏水締合聚合物	39
water-soluble polymers	水溶性聚體	18
weed treatment techniques	雜草處理	17
wind	風	1
wood chips	木屑，木片	15
xylene	二甲苯	1

第三章　語料庫段落分析

第一節　總體特徵

　　作為英語科技文獻的一個子類別，能源專業英語論文具有英文科技文獻的普遍規律又有其特殊性。英語科技文獻包含科技會議報告、科普讀物、科學報紙雜志、科技新聞與評論、產品指南、科技教材等資源。科技英語論文的目的大都在於科研成果的闡釋。本書所選的能源專業英語論文都是發表在國際一流期刊上，用英語語言呈現的論文與報告。從搜集的各個年代的能源論文可以看出，這些能源類論文都是圍繞幾個主題開展的研究：新能源的開發與利用、能源污染的處理、能源轉換、地區性的能源情況。

　　因英文科技文獻的共性，一般科技文獻的閱讀和翻譯技巧能夠幫助理解能源類專業英文論文。如科技英語中偏愛用無靈主語，而在能源專業英文文獻中無靈主語尤其常見，因為不能太主觀化；科技英語多長句，有大量關聯詞語，這點在能源專業英文文獻中也比較突出。由於科技英語重結構，英語句子有些比較長，在能源專業文獻中，有些也具有這樣的特徵，但不是所有科技文獻都有這樣的特徵。此外，能源專業英文文獻中

有類似於漢語的句子。漢語中流水句法比較突出，流水句法強調時間順序和邏輯順序，也就是按照時間的先後，邏輯的因果來表達。能源專業文獻中也有類似漢語句子這樣的邏輯結構。

此外，在內容上，科技英語總是先總提後分述，也就是先寫主題句再給出例證或細節，能源專業英文文獻中這樣的特徵尤其突出。在語態方面，科技英語多用被動語態，能源專業英文文獻裡面也經常使用被動結構。在詞彙方面，科技英語多用代詞，不喜歡重複，能源專業英文文獻也是這樣。

但是能源類專業英文文獻也具有其特殊性。本章將分析能源專業英文文獻的特點，並結合具體篇章分析能源語料庫特徵，詞彙特徵，提供練習段落，為能源類英文文獻的閱讀和翻譯提供參考依據。能源專業文獻中有的文獻有大量專業詞彙，非本專業人士難以理解文獻內涵，但有的能源專業文獻是用常規詞彙表達專業含義的，有些單詞在特定的環境中往往會產生新的含義。從原作者的角度來說，這個新的詞義一般都是原有詞義的引申；從翻譯者的角度來看，這個引申含義需要去推理，即普通讀者對某個詞認識，放在句子卻不知道它的確切含義，或者是明確知道它已經不是平時瞭解的那個意思，翻譯時需要根據上下文來有推測。

與一般性科技文獻略不同，專業文獻的目的都是為了分析問題，提出假設，解決問題並總結不足。能源類專業英文文獻一般篇幅較長。文字敘述大多在分析問題，即文獻綜述部分及論文總結部分，集中體現在論文的開篇和結尾。摘要部分也是典型的文字敘述部分。同其他科技論文相同的是提出假設和解決問題的部分通常採用非常專業的數學推理、假設和實驗過程，具體會使用公式、圖表、圖形來表示。此部分不作為閱讀和分析的重點。本章將主要從語篇角度來分析能源類專業英文文獻的特點並提供練習段落。

這一章主要從語篇特徵，即語言特徵、詞彙特徵、句式結構、邏輯結構和專有名詞等維度分析能源專業英文文獻語料的總體特徵。通過對這些特徵的分析，期望對該領域的語言寫作手法、方式有一個大致的瞭解，為學生寫作能源專業英文文獻提供可借鑑的思路。

第二節　能源專業英文文獻語篇特徵分析

能源文獻屬於科技文獻的範疇，具備科技文獻的大多特徵，如段落簡明扼要。

專業論文文獻的目的在於呈現科研成果與思想，在語句上區別於修辭多樣的文學作品。除開專業詞彙來說，語句本身簡明扼要，樸實直觀，多為簡單句。

能源專業文獻的目的是闡釋研究成果，是對客觀事物的觀察、假設、描述，並陳列推理過程，因此使用被動語態能比較客觀地陳述事物和現象，而不用過多在意主體對象。

例 3-1

Very little research has been conducted to optimize the energy efficiency of SSD systems. Saum and Fisk et al. have reported satisfactory performance with a 10 W system fan for some new houses. Passive or energy-efficient systems offer opportunities to drastically reduce the fan energy required by SSD systems. We expect these techniques will also have a much smaller impact on house ventilation, thereby largely avoiding the heating and cooling expenses associated with SSD system use. Further research should be aimed at defining the possible energy savings, relative effectiveness of reducing indoor concentrations, and applicability of these low-energy mitigation techniques[37].

段落分析：該段語句都為簡單句。首句話就反應了論文的主要研究內容。除開比較陌生的專業詞彙外，我們可以得知該篇論文所要研究的對象、研究內容、所採用的技術路線及所解決的主要問題。該段落讓讀者明白了該技術的未來發展方向，整個段落簡明扼要，條理清楚。

參考譯文：關於優化子板降壓系統能源效率的研究很少。Saum 和 Fisk 等人已經報告，用 10 瓦的系統風扇在一些新的房屋中可以有令人滿意的表現。抑制或節能系統提供了大幅降低子板降壓系統所需的風扇能量。我們估計這些技術對房屋通風的影響也將小得多，從而極大地避免子板降壓系統使用產生的供暖和制冷費用。進一步的研究應該旨在確定可能的節能量，如何相對有效降低室內濃度，以及低能耗減排技術的適用性。

例 3-2

Chemical structures of the best kinetic inhibitorsare given in Fig. 7. The first promising hydrate kineticinhibitor found was polyvinylpyrrolidone (PVP) (defined as a first generation inhibitor), which consists of five-member lactam rings attached to a carbon backbone. Lactam rings are characterized by an amidegroup ($-N-C=O$) attached to thepolymer backbone. Molecular weights for the polymers ranged between 10,000 and 350,000. Patents have been granted forPVP as well as for other hydrate kineticinhibitors containing a lactam ring[38].

段落分析：本段給出了幾個新概念。一是聚乙烯吡咯烷酮(polyvinylpyrrolidon)，該概念是由之後的定語從句解釋的；二是內酰胺，用被動句來解釋了其特徵；三是聚合物，並解釋了聚合物分子量的變化範圍。

該段落句子長且複雜，從概念出發，描述客觀事實，環環相扣，邏輯性極強，由此避免了自然語言模糊性的特徵，這是其科學屬性所決定的。

參考譯文：圖 7 給出了最有效的動力學抑制劑的化學結構。第一個可能的水合物動力學抑制劑是聚乙烯吡咯烷酮（PVP，定義為第一代抑制劑），由連接到碳骨架的五元內醯胺環組成。內醯胺環的特徵在於接連聚合物主鏈的醯胺基團（-N-C = O）。聚合物的分子量介於 10,000 和 350,000 之間。PVP 及其他含有內醯胺環的水合物動力學抑制劑已獲專利。

例 3-3

In most cases hydrogen is the preferred fuel for use in the present generation of fuel cells being developed for commercial applications. Of all the potential sources of hydrogen, natural gas offers many advantages, it is widely available, clean, and can be converted to hydrogen relatively easily. When catalytic steam reforming is used to generate hydrogen from natural gas, it is essential that sulfur compounds in the natural gas are removed upstream of the reformer and various types of desulfurisation processes are available. In addition, the quality of fuel required for each type of fuel cell varies according to the anode material used, and the cell temperature. Low temperature cells will not tolerate high concentrations of carbon monoxide, whereas the molten carbonate fuel cell (MCFC) and solid oxide fuel cell (SOFC) anodes containnickel <u>on which</u> it is possible to electrochemically oxidise carbon monoxide directly. The ability to internally reform fuel gas is a feature of the MCFC and SOFC[39].

段落分析：該段的信息中心是「hydrogen」和「fuel cells」。其他概念均是從這兩個概念延伸的。從邏輯上講，「hydrogen」

和「fuel cells」之間的轉換需要一定的方法和介質，因此本段後半部分說明了與這個轉換過程相關的一些特點和介質。由此出現了相關的專業詞彙「catalytic」「desulfurisation」「solid oxide fuel cell」等。在所有「potential sources of hydrogen」中，有一個類型的資源具有特定的優勢，而這個優勢中的關鍵是「widely available, clean, and can be converted to hydrogen relatively easily」。在此之後提到整個轉換過程。最後，為具體探索核心詞彙「fuel cells」，該段又進一步闡述了「fuel cells」的特徵，用具體的燃料電池類型解釋了概念化「fuel cells」的特徵。

通過該段可以發現能源文獻閱讀時需要關注的一個特點是概念和概念之間具有有機的聯繫。對於非該領域的讀者而言，因為沒有相應的知識框架，所以在閱讀過程中需要查找每個專業詞彙對應的含義，他們是為了瞭解和學習該領域內的專業知識，因此這段對他們而言信息量極大。而對於該領域的讀者而言，由於具備相關的知識框架，本段提供給他們的有效信息量較少，因此他們只關注概念之間的關係，由此獲得專業知識的擴展。

參考譯文：在大多數情況下，氫是目前用於商用開發的燃料電池的優選燃料。在所有可能的氫氣來源中，天然氣具有許多優點，它來源廣泛、清潔，並且可以相對容易地轉化為氫氣。當使用催化水蒸氣重整天然氣制氫氣時，重要的是在重整器的上流除去天然氣中的硫化合物，也可以採用其他類型的脫硫方法。另外，每種類型的燃料電池所需的燃料質量應根據所使用的陽極材料和電池溫度而變化。低溫電池不能耐受高濃度的一氧化碳，而熔融碳酸鹽燃料電池（MCFC）和固體氧化物燃料電池（SOFC）正極含有鎳，可直接被電化學氧化為一氧化碳。內在改造燃氣的能力是 MCFC 和 SOFC 的一個特點。

例 3-4

  This paper is a result of the evolution of researches on the prediction and identification of the solar EUV spectrumby Ivanov-Holodny and the author.

  An absolute calibration of the solar EUV spectrum is given. The corresponding energy distribution is shown in Figure 2. During the minimum solar activity the radiation flux in the range below 1,027 Å near the earth is 2.6 erg/cm^2 sec, in the maximum it is 8 erg/cm^2 sec.

  Abundances of fifteen elements in the solar atmosphere were deduced from a comparison of predicted and observed intensities of more than 300 lines in the spectral region below 1,215 Å. For the analysis of line spectra the most important problem is the identification of the observed radiation. This problem becomes more complicated if physical conditions in the investigated region allow the existence of a considerable variety of ions, as occurs in the solar atmosphere. To the present time a considerable number of solar EUV spectrum recordings below 1,000~2,000 Å have been made. Many of the lines (mainly weak) are not yet identified and estimations of the line intensities are not always reliable. All this concerns mainly the region below 300 Å[40].

  段落分析：第一部分開門見山地介紹了論文主題。用「this paper」客觀地引出研究內容。該論文的研究中心鮮明突出，語言準確性高，準確地反應了研究事物的特徵、本質和規律。文中複雜句少，長句少，除了第四段中「This problem becomes more complicated if physical conditions in the investigated region allow the existence of a considerable variety of ions, as occurs in the solar atmosphere」用到了「if」條件句和「as」引導的狀語從句，其修飾和限制詞語比較嚴謹。

此外，圍繞著「solar EUV spectrum」，該段落先闡述來源、再確定範圍，然後才說明目前研究的現狀和還沒有探索清楚的事實。為了增加嚴謹性，大量被動語式被用於文章中，如「is given」「is shown」「were deduced」「have been made」「are not always reliable」等。

參考翻譯： 本文是由 Ivanov-Holodny 和作者對太陽極紫外線譜進行預測和識別的研究進展結果。文中給出了太陽極紫外線譜的絕對校準。相應的能量分佈如圖 2 所示。在最小太陽活動期間，地球附近低於 1,027 埃範圍內的輻射通量為 2.6 erg/cm² sec，最大值為 8 erg/cm² sec。通過對 1,215 埃以下光譜區的 300 多條光線進行比較性的預測和強度觀測，推導出太陽大氣中十五種元素。對於線譜的分析，最重要的是識別觀察到的輻射。如同在太陽的大氣層中那樣，如果被研究地區的物理條件中存在大量的離子，這個問題就變得更加複雜。到目前為止，已經有關於低於 1,000~2,000 埃的太陽極紫外線譜的大量記錄。許多光線（主要是弱光）尚未確定，光線強度的估算不太可靠。這些主要涉及 300 埃以下的範圍。

例 3-5

Criticism of the paleontological work has been levelled on the basis that the data are noisy; animals <u>after all</u> become ill and they are affected by storms and other changes in their environment. <u>Also</u> astronomical predictions preceded many of the measurements <u>so</u> there might have been a tendency to favour the「correct」results. <u>However,</u> the remains of living organisms are at present our only source of data about rotation in the distant past <u>and so</u> it will be necessary to overcome these problems[41].

段落分析： 這段話主要內容是表明生物遺骸是古生物研究

工作中的基礎數據來源。在這段話中，有許多無靈主語，分別為「criticism」「animals」「astronomical predictions」「remains」。此段句與句之間銜接緊湊，邏輯關係詞使用恰當，語義有承接關係，例如「after all」「also」「so」「however」「and so」。此段可以作為較好的能源文獻閱讀和翻譯材料。

參考翻譯：對古生物考證的工作建立在其繁雜的數據；畢竟動物生病了，同時還受到風暴和其他環境變化的影響。在許多測量方法之前也有天文學預測，所以可能傾向於選擇「正確」的結果。然而，生物體的遺體是我們目前瞭解遙遠過去的唯一數據來源，因此有必要克服這些問題。

例 3-6

Petroleum hydrocarbons are important energy resource and raw material for various industries. Increasing demand for petroleum products in day to day life may cause their scarcity and increase their cost as suitable alternatives are still not found. Petroleum hydrocarbon pollutants are recalcitrant compounds and are classified as priority pollutants. Anthropogenic activities such as industrial and municipal runoffs, effluent release, offshore and onshore petroleum industry activities as well as accidental spills cause petroleum hydrocarbon pollution. This pollution affects the environment and poses direct orindirect health risk to all life forms on planet earth. Marine environment is considered as the ultimate and largest sink for petroleum hydrocarbon pollutants, therefore it is necessary to combat pollution problem. Remediation of hydrocarbon pollutants and enhanced oil recovery are two main burning issues of petroleum industry. To understand the scope and strategies of pollutant bioremediation it is essential to first understand properties of crude oil, environment of concern, fate of oil in that environment, mechanisms of crude petroleum biodegradation and factors that control its rate[42].

段落分析：該段使用了大量的「be+短語」結構描述客觀事實和主觀意願，其中「are still not found」「are classified」「is considered」採用被動結構。在處理「be」的翻譯時考慮語境，把被動句換成中文的主動句。

在邏輯推演方面，該段採用了層層遞進。首先，該段闡述事實「petroleum hydrocarbons」的需求在增長卻沒有合適替代品，得出石油污染的本質是「recalcitrant」，並進一步解釋了該狀況產生的原因及導致的後果。在此基礎上，該段接著提出海洋環境是最突出的問題，進一步論證防治污染是必要的。最終得到本段落的寫作目的——為防治石化污染，需要關注的核心要素是什麼。

參考翻譯：石油碳氫化合物是重要的能源資源，也是多行業的原料。日益增長的石油產品需求可能會導致原料匱乏和成本增加，畢竟還沒有找到合適的替代品。石油碳氫化合物污染物為難降解化合物，被列為首要污染物。人為活動，如工業和都市廢水，廢氣排放，海上和陸上石油工業活動，以及意外泄漏都能導致石油烴污染。這種污染會影響環境，對地球上的所有生物造成直接或間接的危害。海洋被認為是石油碳氫化合物污染物的最終最大的匯合槽，防治污染問題非常必要。碳氫化合物污染物的修復和提高石油採收率是石油工業的兩個迫切問題。要瞭解污染物生物修復的範圍和策略，首先要瞭解原油的性質、相關的環境、該環境中的石油性質、原油生物降解的機理，以及控制原油的生產率的因素。

例 3-7

It is appropriate to mention here some of the work carried out on copyrolysis of various biomass and coal mixtures which give insight into the interaction of biomass during pyrolysis. Klose and Stuke reported no interaction between coal and biomass during copyrolysis. However, Nikkhah et al. in their detailed copyrolysis studies of various biomass and coal mixtures in a batch reactor, reported increased gas yields, as well as increased heating value and hydrocarbon content of the pyrolysis gases. McGee reported copyrolysis studies of the mixtures of poly (vinyl chloride) (PVC) and wood/straw, to simulate municipal solid waste pyrolysis char. They found that the interaction between PVC and wood/straw increased the char yield but reduced the char reactivity. Copyrolysis studies conducted by Khan et al. on mixtures of coals and heavy petroleum residues and by Saxby and Sato on Australian oil shale and lignite, all in a packed-bed pyrolyser (PBP), revealed the prevalence of synergetic effects; they also showed that the initial composition of the feedstock mixture had a direct bearing on the product distribution and properties[43].

段落分析：該段落突出的特點是適用長句闡釋，其專業知識複雜度決定了長句能夠清晰地解釋知識結構。通過「of」「and」等連接了不同概念，通過大量如「which」等關係代詞表達了不同概念之間的關係。其次，專業詞使用較多，如「copyrolysis」「pyrolysis」「biomass」「synergetic effects」「heavy petroleum residues」等。最後，採用「conduct」「reveal」「show」「report」等詞彙表明了該段落重心是揭示規律和研究成果。這些詞彙的頻繁使用也表明能源行業文獻和通常的科技文獻研究具有內在的一致性。

在段落結構方面，第一句綜括了本段的主旨，即通過「copyrolysis」得到「interaction of biomass」的研究是本段的中心。然後分別列舉不同作者在不同混合物的「copyrolysis」分析

中發現的結果和規律。相對語言特徵而言，段落結構比較簡單。

參考翻譯：適當地提到一些關於各種生物質與煤混合熱解分析的研究，可以瞭解熱解過程中的生物質相互作用。Klose 和 Stuke 報導煤與生物質共熱之間沒有相互作用。然而，Nikkhah 等人在詳細研究各種生物質與煤熱解過程中發現增加的天然氣產量，以及增加的熱解氣體氫含量和熱值。McGee 報告了聚氯乙烯與木材/稻草混合後的共熱解研究分析，通過模擬控制固體廢棄物熱解半焦，他們發現聚氯乙烯與木材/秸秆的相互作用提高了焦炭的產率，但降低了焦炭的反應性。由 Khan 等人進行的煤和重油殘渣混合物的共熱解研究，以及由 Saxby 和 Sato 對澳大利亞的油頁岩和褐煤混合的研究揭示了協同效應的發生率。同時也表明原料混合物的最初構成對產品分佈和產品性質有一個直接的關係。

例 3-8

In the model — as it stands now — one WASP-matrix is calculated for each wind farm. This might constitute a problem if the wind farm is big and therefore covers a large area, since the local effects and as a consequence the WASP-matrix will vary from turbine to turbine. As an example of this, consider the Kappel wind farm which runs along a more than 2 km long line. The normalised power production (taking only local effects into account) is shown in Fig. 6. From this it can be seen that significant variability (more than 15%) can be found within the wind farm. This leads to the conclusion that to estimate the local effects better it is not sufficient to look at only one point in a wind farm, but instead to look at all the turbines and then calculate an average correction. In the present model these differences are absorbed by the MOS filter[44].

段落分析：該段落使用到兩個首字母縮略詞，使段落顯得不那麼冗長和重複。譬如 WASP 是「Wind Atlas Application and Analysis Program」的縮寫，MOS 是「Model Output Statistics」的縮寫，這樣使能源文獻在表述時非常簡短清楚，同時又客觀準確。本段沒有修辭，也多使用一般現在時、一般過去時和一般將來時這幾種簡單時態。

在段落結構方面，通過劃分小標題進行循序漸進，具體邏輯是：模型—分析問題—舉例說明—得出結論—解決方法。從小標題的劃分也可以看出整篇文章的結構嚴謹，而這一段也是從 WASP 模型入手，分析可能出現的問題，然後再舉例子，再得出結論是「只看風電場的一個點來估計當地的發電效應是不夠的，需要看這個區域內的所有的渦輪機，然後計算平均校對值，這個得到的結果才是有效的當地發電效應」，最後提出解決方法。該段落每一步都非常清晰明了，體現了邏輯清晰的特點。

除此之外，該段結合圖來分析標準化的發電量（只考慮局部影響）體現了該文的客觀性。通過列舉很多例子以方便讀者去理解概念以及認可觀點，體現了該文有理有據的特點。並且該段的遣詞造句也不絕對化，分析事例時會顧全整體情況，不以偏概全，體現了科技文嚴謹周密的特點。

參考翻譯：就目前而言，在模型中每個風電場計算一個 WASP 矩陣。如果風力發電場很大，並且覆蓋面積很大，這可能會造成一個問題，因為當地的影響和 WASP 矩陣的結果將因渦輪機而異。在這裡舉一個例子，考慮一下沿 2 千米長的線路運行的 Kappel 風電場。標準化發電量（僅考慮局部影響）如圖 6 所示。由此可以看出風電場內可以發現顯著的變化性（超過 15%）。由此得出的結論是：只看風電場的一個點估計局部效應是不夠的，應該看所有的風機，然後計算平均修正。在目前的模型中，這些差異被模式輸出統計濾器吸收了。

例 3-9

Another significant type of associating polymer is prepared by hydrophobically modifying hydroxyl ethyl cellulose (HEC), orhydroxy propyl cellulose (HPC) by reaction with alkyl halides, acid halides, acid anhydrides, isocyanates, or epoxides. These polymers are claimed to have potential in IOR. Van Phung and Evani (1986) claimed that cellulosic associating thickeners have acceptable salt tolerance, but are ineffective at low concentrations and have poor thermal stability. They are also readily biodegraded. The synthesis, solution properties and rheology of associating cellulosic thickeners have been studied and are not examined in further detail in this work. The limitations of this class of associating polymer are a serious drawback for use in IOR[45]

段落分析：該段落大量使用了專業詞彙，直接增加了閱讀難度，讀起來會很困難。但是，除去專業詞彙，語法結構則相對清晰。比如「Another significant type ... is prepared ...」「... claim that ... have ...」「but are ... and have ...」能夠體現出段落基本結構。同時，該段落修飾成分很少，幾乎沒有任何修飾詞語或者短語等，完全是客觀闡述研究對象的屬性、內涵、特性等內容。

參考翻譯：另一種重要類型的締合聚合物是通過疏水改性羥乙基纖維素（HEC），或者通過羥基丙基纖維素（HPC）與烷基鹵化物、酰基鹵、酸酐、異氰酸酯或環氧化物反應來制備的。據稱這些聚合物具有一定潛力。Van Phung and Evani 宣稱纖維素締合性增稠劑具有可接受的耐鹽性，但在低濃度下無效且熱穩定性差。它們也容易生物降解。大家已經研究過締合纖維素增稠劑的合成、溶液性質和流變性，但在這項工作中沒有進一步詳細研究。這類締合聚合物的局限性是 IOR 在使用中存在嚴重缺點。

例 3-10

In this paper, we present a new fuzzy-probabilistic methodology capable to represent uncertain geological knowledge and the prototype software tool called RCSUEX (Certainty Representation of the Exploratory Success) that implements the methodology. The main purpose of this work is to provide a method to deal with the problem of systematizing the process of correctly estimate chance of success of find hydrocarbon on a given prospect and to facilitate and to standardize the geologist argumentation task. This fuzzy-probabilistic methodology is founded in the following assumptions: risk can be qualified by set of questions and answers concerning the decision problem; when expressions like「moderate」and「severe」are significant for the domain expert, then fuzzy sets are more suitable for knowledge representation than「classical」or crisp sets; fuzzy logic is adequate to represent uncertainty in petroleum geology; the beta probability distribution is pertinent to represent the certainty of success of a random variable in a Bayesian approach [46].

段落分析：該段落是一個典型邏輯的闡述。首先說明文獻給出的方法模型，然後解釋方法模型的內涵、建立基礎。在邏輯上表達連貫，語義明確清晰，被動語態較多暗示文獻以客觀描述為主。該段語法結構複雜，例如，「we present a … methodology … and the … tool called …」分別用兩個定語從句和一個主謂賓結構表達了研究內容。「The main purpose … is to provide a method … and to standardize … task」同樣用主謂賓結構附加兩個定語從句解釋本文提出的模型的內涵。

參考翻譯：在本文中，我們提出了一種新的，能夠描述不明確地質知識的模糊概率論方法，以及能夠應用該方法的，被

稱為 RCSUEX（探索成功的確定性表示）的原型軟件工具。這項工作的主要目的是，在設定的前景下，提供一種系統化方法來正確估計成功找到氫氧化合物的過程，並且有利於規範地質學家的論證工作。這種模糊概率方法建立在以下假設之上：風險可以通過有關決策的問題和答案來確定；當「適度」和「嚴重」這樣的表達對該領域專家來說意義重大時，模糊集合比「經典」集合和脆性集合更適合於知識表示；模糊邏輯足以代表石油地質的不確定性；貝葉斯方法中，貝塔概率分佈與隨機變量成功性是相關的。

例 3-11

Storage of solar energy

At high latitudes, the capacity to store solar energy collected during periods of high insolation for six months or more, for delivery in winter or to meet a more or less constant load demand all year, dramatically increases the total annual useful energy collected per unit area of collector. In Bochum, Germany, for example, the area of a tilted collector required to intercept a given amount of energy for use in the four coldest months, without long term storage, is about eight times the area required for a horizontal collector with long term (eight month) storage. If account is also taken of the lower efficiency of collectors of solar heat during periods of relatively low light intensity, the relative collector area required in the two cases favours a long term storage system by a factor as high as about 15.

Variations in the annual quantity of solar energy intercepted by the same collector area in different locations at roughly the same latitude can be as large as a factor of three, as a result of differences in average cloudiness.

Fully tracking, focussing collectors intercept about two-thirds or less total usable radiation per year in very cloudy regions than horizontal or fixed, and tilted collectors that also collect diffuse radiation, but do not focus the light[47].

段落分析：首句解釋了「the capacity dramatically increases the total annual useful energy collected per unit area of collector」，為了論證這個觀點，引用德國的收集器例子說明了存儲的重要性。為進一步延伸，考慮特定因素，存儲器的作用會更凸顯。此外，該文獻大量採用比較的語句進行闡述。「as large as」和「than」等詞語的應用嚴謹地描述了特定條件下產生的後果，在各種數據和條件的支持下得出的結論極具說服力。

參考翻譯：

太陽能存儲

在高緯度地區，需要存儲在六個月高暴曬期或更長時間內收集的太陽能，並在冬季使用或滿足大致恒定的負荷需求的容量，會大大增加每單位面積集熱器所收集的電量。例如，在德國的波鴻，為了在四個最冷的月份內截留一定能量的使用而需要傾斜的集熱器的面積（沒有長期存儲能力），大約是具有長期（八個月）存儲能力的水準集熱器所需面積的八倍。如果考慮太陽能集熱器在相對較低的光線強度下效率較低，在兩種情況中所需的相對集熱面積，長期存儲系統所需高達約15倍。

由於平均雲量的不同，在同一緯度的不同地點，相同的集熱器截取的太陽能的年度量變化可以大到三倍的差異。

全跟蹤聚焦型集熱器與水準或固定的傾斜集熱器相比，每年多截取三分之二或略小的總可用輻射。傾斜裝置的集熱器可以收集漫射輻射，但不聚焦光線。

例 3-12

The aim of this article is to compile an inventory of the state of the art of biomass combustion technologies and to compare efficiencies, investment costs and emissions. The focus is on power plants with a capacity larger than 10 MW. On the basis of this inventory, it should be possible to draw conclusions about the relative position of the state of the art of biomass combustion compared with other new technological developments, such as biomass gasification[48].

段落分析：該段落使用的專業詞彙/術語詞義精確，針對性強，不像大多數功能詞一詞多義。其中，派生詞占比較大。例如，表示行為性質等的後綴「-tion」（combustion，gasification）；由前綴「bio-」構成的詞。較功能詞，記憶這些詞彙容易。在句子結構方面，常用名詞化結構，即帶有「of」的短語或詞組，比較準確、嚴密且信息量大，但增加了翻譯難度。在邏輯結構方面，明確且客觀地陳述事實和問題，表述清晰，開門見山。段落結構內容清晰、嚴謹，能夠讓讀者很清晰地瞭解研究對象。

參考翻譯：這篇文章的目的是匯編生物質燃燒技術的現狀，比較其效率、投資成本和排放量。重點是研究容量大於10兆瓦的發電廠。在此目錄的基礎上，可以得出有關比較生物質燃燒技術現狀的相對位置與生物質氣化等其他新技術發展的結論。

例 3-13

Energy has been the engine of nations' development, and this has driven mankind towards growing energy needs, in particular for transportation, agricultural and industrial activities and buildings. Energy for transportation is based on oil derived fuel, whereas energy in buildings consists mainly of electricity, which is produced from fossil fuels, nuclear power and/or from renewable energy sources, such as hydro and solar. Agricultural and industrial activities use a combination of fossil fuels and electric energy. To increase the sustainability of energy production and efficient energy use, it is urgent that better monitoring and control systems are used, and increase the energy production from renewable sources. This drives the energy sector towards the need for life cycle analysis of energy processes to support the selection and implementation of more sustainable energy systems, as well as to develop better and more intelligent electric energy grids, where storage energy systems plays an essential role. These questions will be briefly discussed in this paper, focusing in the current situation, existing problems and potential solutions, and expected developments.[49]

　　段落分析：該段第一句是能源專業文獻寫作中經典的語句，通過闡述能源對國家發展的重要性，引出「transportation, agricultural and industrial activities and building」四個領域的需要尤其重要。接著，再分別闡述這四個領域的能源需求類型，這既是解釋第一句的內容，又是引出後面「monitoring and control system」和「energy production from renewable sources」的原因。然後，通過對「selection implementation」和「develop」三個關鍵詞的闡述獲得「energy system」的主要內容，引出儲能系統的關鍵作用；通過前因後果的邏輯闡述得到「energy systems」的必要性，再由關鍵動詞說明如何獲得「energy systems」。該段落是值得借鑑的典型示例。

　　參考翻譯：能源一直是國家發展的引擎，推動了人類能源需求的增長，尤其是運輸、農業和工業活動及建築業領域的需求。運輸能源以石油衍生燃料為基礎，而建築能源則主要由化石燃料、核能或可再生能源（如水電和太陽能）產生的電力組

成。農業和工業活動使用化石燃料和電能的組合能源。為了提高能源生產和高效能源利用的可持續性，迫切需要採用更好的監測和控制系統，增加可再生能源的生產。這促使能源部門進行面向能源過程生命週期分析的需求，以支持更可持續的能源系統的選擇和實施，以及開發更好、更智能的電網，其中，存儲能源系統發揮著至關重要的作用。本文將簡要討論這些問題，討論側重於目前的情況，存在的問題和潛在的解決方案，以及預期的發展。

例 3-14

  Another effective way to reduce external dependence on energy, to increase energy diversity and minimize the environmental impacts of energy production is to use nuclear energy. For this purpose, the government has begun work on the construction of two nuclear power plants one in Mersin/Akkuyu and the other in Sinop with capacity of 35 billion kW·h and 34 billion kW·h, respectively. By the end of July 2016, about 277 billion kW·h of electricity was generated in Turkey. If these plants were in operation, they would meet about 25% of this electricity produced.[50]

  段落分析：該段落由 4 個句子構成，第一個句子的主語部分運用了排比的形式分別對「another effective way」進行解釋，「to reduce external dependence on energy, to increase energy diversity and minimize the environmental impacts of energy production」這三個排比句起到了強調說明，引起讀者注意的作用。該段落的最後一句話運用了虛擬語氣。「If these plants were in operation, they would meet about 25% of this electricity produced」該句是對現在的假設，作者試圖通過虛擬的語氣的手法為我們解釋這些發電廠在運行時產生電力的概念。

參考翻譯：減少外部對能源的依賴，提高能源多樣性和減少能源生產對環境影響的另一個有效途徑是使用核能。為此，政府已經開始在梅爾辛和錫諾普，分別建設 350 億千瓦時和 340 億千瓦時的核電站。截至 2016 年 7 月底，土耳其的發電量約為 2,770 億千瓦時。如果這些電廠同時運行，他們將會滿足約 25% 的電力生產需求。

例 3-15

The Paleocene-Eocene column bears a significant Ypresian carbonate complex which includes inner evaporitic-sabkha/lagoonal sequences located in central East Tunisia, ramp-shaped platform carbonate edifices in the mid-gulf of Gabes, and pelagic packages including black shales and embedded biomicrites in the northwest (Fig. 12). Onshore, sedimentary series display carbonate bodies deposited under shallow marine rather restricted conditions (gypsum, anhydrite and Gastropoda-rich facies) which experienced dolomitization in sabkha to tidal-flat settings. Reactivating paleofaults are thought to derive the main peculiarities of these coastal sedimentary environments and subsequent but definitive geodynamic expulsion of the broad Kasserine island continued southeasterly by the Jeffara mole. The transition from inner-platform to mid-ramp carbonate environments in the gulf, includes three main megacycles (supersequences). The Upper Maastrichtian to Paleocene megacycle stratifies progradational to aggradational sequences with a remarkable change in sea-level. At the base, seismic evidence indicates sea-level lowering and marl sequences prograding and locally disconformably overlying older deposits. The K-T boundary seems to coincide with a relative sea-level fall and possibly an intra-El Haria tectonic pulse as evidenced in the sedimentary columns of Atlassicjebels. The second megacycle deposited El Garia mid-ramp carbonate rocks, highly enriched in Nummilitid tests. These lithofacies rest majorly on the northwestern flank of a broad Jeffara mole, similar to Kasserine paleohigh. This mole has progressively been covered by Ypresian limestones with coarse-sized foraminifered tests. The lower unit in the mid-ramp as evidenced from the numerous Ashtart wells, bears biomicrites subjected to subsidence rates increasing to the NW, and thus unfavorable conditions of Nummulite developments. Lens-shaped limestone bodies with NW – SE-oriented maximum thicknesses tend to indicate that syndepositional faults with similar directions intervened and modeled sedimentary sequences. This may also be testified by locally onlapping seismic reflections. The upper unit in mid-ramp characterizes a favorable milieu for living, homogeneous in size Nummulites, even if the tendency to deepening northeastwards (outer-ramp) has caused local Discocyclinid enrichments and bioclast accumulations bypassing the ramp. There is a reason to believe that carbonate oozes blown from the mid- an outerramp constructions have contributed to the formation of Globigerinid-rich micrites in the basin; whereas, planktonic proliferation and thus organic matter generation were conditioned by high sedimentation rates of clayey-carbonate oozes thus forming a thick blackshale interval in the BouDabbous Formation. The Lutetian-Priabonian supersequence marks a neat progress towards deepening. The Early Lutetian sea-level rise and presumably coeval subsidence inversion caused a neat change in carbonate bioaccumulations containing Discocyclinids which bear evidence to open marine milieu. Nevertheless, tectonic activity intervened rapidly and caused abrupt changes in paleobathymetry; this also offered issue to later Lutetian transgression over preexisting ramps and broad paleohighs, and definitive sealing of Ypresian oil traps」[51]

段落分析：該能源文獻具有極度高的專業性，首先體現在專業詞彙構成方面：大量地使用合成詞，如文中「inner-platform」（內部平臺），「mid-ramp」（中期斜坡），「super-sequences」（超序列）等詞彙，都是通過單詞組合而成新的專有名詞。同時，將詞組中的每個詞的首字母加在一起構成新詞和首字母縮略詞，如「NW-SE」這類詞彙。此外，大量地使用名詞和名詞詞組也是該文獻的重要特徵。「The second megacycle deposited El Garia mid-ramp carbonate rocks, highly enriched in Nummilitid tests」就是為了簡短而明確地表達概念。其他，如「energy lose」「a day and night weather observation station」也是使用名詞詞組的典型例子。

由於該文獻內容的複雜度高，文獻用了複雜的長句來表示科學理論、原理、規律、概述，以及各事物之間錯綜複雜的關係。比如文中「The lower unit in the mid-ramp as evidenced from the numerous Ashtart wells, bears biomicrites subjected to subsidence rates increasing to the NW, and thus unfavorable conditions of Nummulite developments」，該句通過「from」「subjected」等詞來突出層次分明，邏輯嚴謹、周密。

同時，該文獻使用正式規範的書面動詞來替代具有同樣意義但口語化的動詞或動詞短語來描述客觀事實。例如文中「The K-T boundary seems to coincide with a relative sea-level fall and possibly an intra-El Haria tectonic pulse as evidenced in the sedimentary columns of Atlassicjebels」，該句用「coincide」「pulse」等專業動詞來表達客觀現象。另一方面，該文獻使用被動語態句講述客觀現象也增強了該文的專業性，如文中「This mole has progressively been covered by Ypresian limestones with coarse-sized foraminifered tests.」等句子。

　　總之，該文獻與普通英語文獻相比較，除了詞彙具有專業性，更多的是具有鮮明的邏輯性和簡明扼要的特點；同時不會包含太多的主觀色彩和文學修辭手法；而且偏重於簡明扼要地陳述客觀事實和論證客觀現象的科學道理和內在的聯繫；準確地表達客觀規律，按邏輯思維清晰地描述問題。

　　這類能源文獻的類型對普通大學學生而言極具挑戰性，無論是閱讀還是翻譯都極具難度。不僅是因為這篇文章有大量專業詞彙的使用外，還有學生專業知識的匱乏導致難以理解文章段落的核心內涵。

第四章 基於新能源分類領域的詞彙分析

第一節 新能源發展概述

一、新能源的定義

新能源（new energy sources）是指剛開始開發利用或正在積極研究、有待推廣的能源，具體是指相對於傳統能源之外的各種能源形式。它的各種形式大都是直接或者間接地來自於太陽或地球內部深處所產生的熱能（潮汐能例外），具體包括了太陽能、風能、生物質能、地熱能、水能、核聚變能和海洋能，以及由可再生能源衍生出來的生物燃料和氫所產生的能量。

表 4-1　　　　　　　　　新能源分類

類別		傳統能源	新型能源
一次能源	可再生能源	水力能、生物質能	太陽能、海洋能、風能、地熱能
	非再生能源	煤炭、石油、天然氣、油頁岩、瀝青砂、核裂變燃料	核聚變能
二次能源		煤炭製品、石油製品、發酵酒精、沼氣、氫能電力、激光等離子體	

在1981年8月聯合國新能源及可再生能源會議上,聯合國開發計劃署(UNDP)把新能源分為以下三大類:第一類為大中型水電;第二類為新可再生能源,包括小水電、太陽能、風能、現代生物質能、地熱能、海洋能;第三類為傳統生物質能。

二、新能源的使用情況

1. 世界能源消費現狀分析

2016年全球能源消費呈現能源消費總量和人均能源消費量持續增加的趨勢。受世界人口增長、工業化、城鎮化,全球化等多種因素驅動,世界能源年消費總量從2006年的108.785億噸油當量增長到2016年的132.763億噸油當量,近10年時間增長了1.22倍,年均增長1.22%。近年來,亞太地區逐漸成為世界能源消費總量最大、增速最快的地區。

世界能源消費結構長期以傳統能源為主,但其所占比重正在逐年下降,新能源的消費比例在逐年增長。隨著工業化水準的提高和科學的進步,越來越多的煤炭、天然氣、石油等傳統能源需求被轉化成新能源需求,傳統能源在世界終端能源消費結構中的比重持續下降。2006—2016年,煤炭、石油在世界終端能源消費中的比重分別下降了0.3個、2.5個百分點,而清潔能源(核能、水力發電、再生能源)在世界能源終端消費的比重由零增長到14.6%,增幅比例最大,具體情況如表4-2所示。

表4-2　　　　　2016年全球能源消費結構

能源種類	所占百分比
核能	4.5%
石油	33.3%
天然氣	24.1%

表4-2(續)

能源種類	所占百分比
煤炭	28.1%
水力發電	6.9%
可再生資源	3.2%

註：數據來源於環球資源網

2. 中國能源消費現狀分析

由於人口的快速增長和經濟的快速發展，中國的能源消費總量和人均能源消費量呈雙向增加趨勢。由於工業化、城鎮化和專業化的發展進程，中國的能源消耗總量由2006年的17.29億噸油當量增加到2016年的30.53億噸油當量，近10年的時間大約增加了1.8倍。其中，中國的原油消耗減少了1.4個百分比，天然氣的消耗增加了3.3個百分比，原煤消耗減少的比重最多，約為8.4個百分點，水力發電、可再生資源、核能的消耗比重均增加，而且清潔資源（核能、水力發電、再生能源）的消耗比重增加了13%，增幅比例較大，具體的數據見表4-3。

表4-3　　　　2016年中國能源消費結構

能源種類	所占百分比
核能	1.6%
石油	19%
天然氣	6.2%
煤炭	61.8%
水力發電	8.6%
可再生資源	2.8%

註：數據來源於2016年中國統計年鑒

由表4-3可以看出，在中國的能源消費結構中，中國能源消費還是以傳統能源為主。但是傳統能源的消費比例在下降，而新能源的消費比例在逐年增加。

3. 世界和中國能源消費現狀比較分析

由圖4-1可以看出，世界和中國的能源消費均以傳統能源為主，如石油、天然氣、煤炭等。但是傳統能源的消費在能源消費終端的比重逐年下降，而新能源在能源消費終端的比重逐年增加。雖然中國的清潔能源使用比例低於世界平均水準，但是中國清潔能源發展迅速。中國是一個人口大國，對能源的需求量較大，而傳統不可再生能源供不應求，因此清潔能源的使用是非常必要的。數據顯示，中國使用清潔能源的比例每年都在增加。2012—2016年，世界清潔能源平均增加了1.5%（14.6%-13.1%），中國增加了3.7%（13.0%-9.3%）。中國能源正在快步走向清潔能源，正在向新能源發展。由此對比可以看出，世界能源的發展趨勢為由傳統能源向新能源轉化。

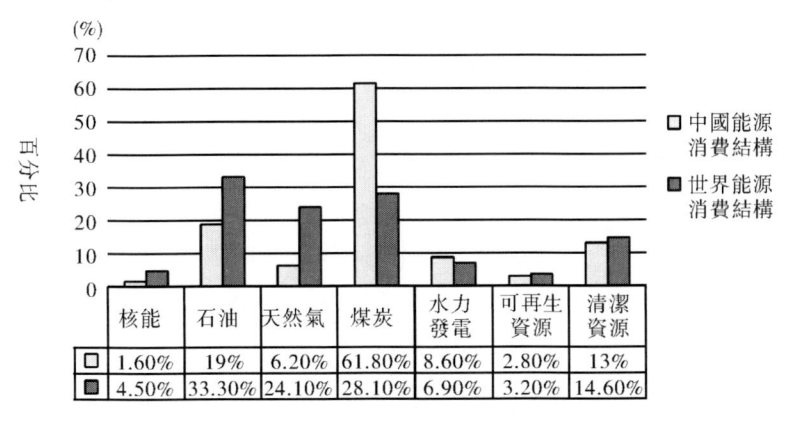

	核能	石油	天然氣	煤炭	水力發電	可再生資源	清潔資源
中國能源消費結構	1.60%	19%	6.20%	61.80%	8.60%	2.80%	13%
世界能源消費結構	4.50%	33.30%	24.10%	28.10%	6.90%	3.20%	14.60%

圖4-1 中國和世界能源消費結構對比

第二節　新能源的種類及專業詞彙分析

　　從上節分析可以看出：近年來，受傳統能源——石油價格上漲和全球氣候變化的影響，可再生能源的開發和利用越來越受到國際社會和各個國家的重視和關注。許多國家提出了明確的發展和開發新能源的目標，制定了支持可再生能源發展和利用的新型法規和有利政策，使可再生能源開發和利用技術水準不斷提高。新能源產業規模逐漸擴大，成為促進能源消費多元化和實現可持續發展的重要可利用資源。

　　因此，在專業研究中，新能源也成為能源研究領域中的重要部分。下面就採用隨機抽取的方法在數據庫中提取新能源的代表性專業文獻進行分析。本書在分析專業詞彙時，一般篩選詞頻數大於 10 的專業詞彙（關於地熱能的專業詞彙，選擇詞頻大於等於 5 的）。

一、太陽能資源領域的詞彙分析

　　新能源中太陽能資源一般指太陽光的輻射能量。太陽能的主要利用形式有太陽能的光熱轉換、光電轉換及光化學轉換三種方式。廣義上的太陽能是地球上許多能量的來源，如風能、化學能、水的勢能等由太陽能導致或轉化成的能量形式。利用太陽能的方法主要有：太陽能電池，通過光電轉換把太陽光中包含的能量轉化為電能；太陽能熱水器，利用太陽光的熱量加熱水，並利用熱水發電；等等。在有關太陽能如何利用和開發，還有闡述太陽的特點等文獻中，使用頻率比較高的詞彙如下：

　　（1）描述太陽能的特點的文章使用的高頻詞彙的次數，如圖 4-2 所示。

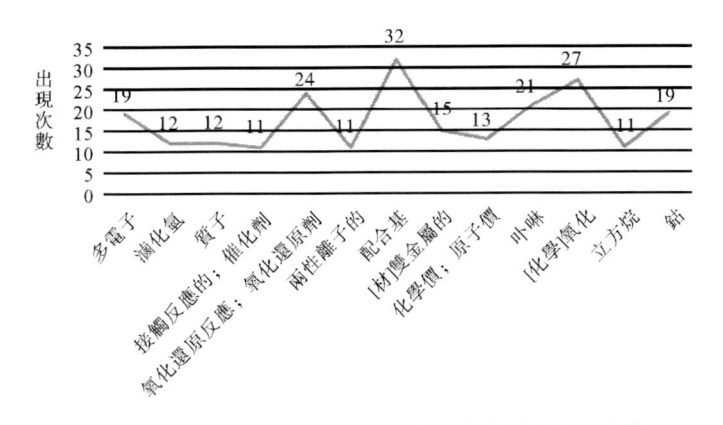

圖4-2 描述太陽能特性的高頻詞彙的出現次數

從圖4-2可以看出，描述太陽能特性的高頻詞彙中，出現次數最高的是ligand（配合基），因為太陽能需要相應的配合基因子才能發揮作用。在描述太陽能的化學特性中，需要對太陽能的化學成分進行研究，因此會涉及質子、催化劑、離子、鈷等成分。

（2）描述如何利用太陽能進行發電的文獻中使用的高頻詞彙的次數，如圖4-3所示。

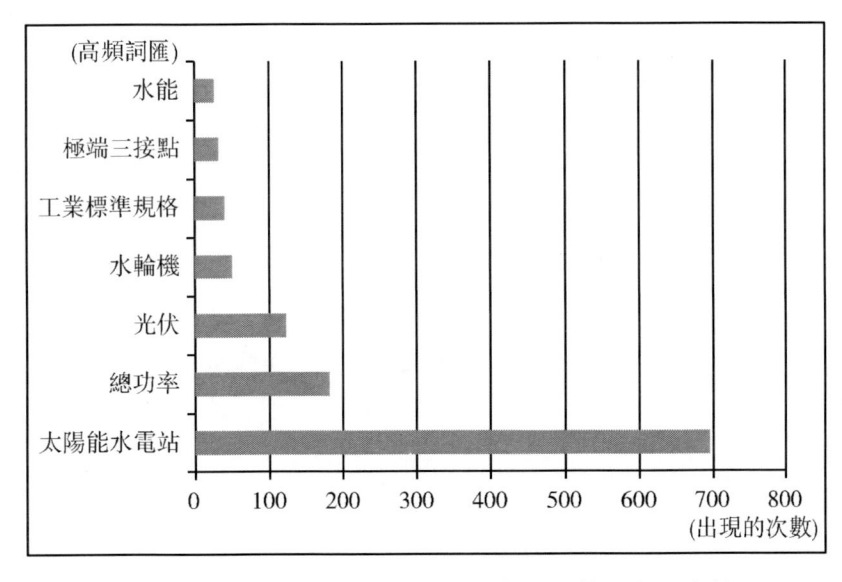

圖4-3 描述利用太陽能發電的高頻詞彙的出現次數

從圖4-3可以看出，在有關討論利用太陽能發電的文章中，出現最多的詞彙是太陽能水電站和總功率，這是符合實際情況的，因為太陽能發電首先要建立太陽能水電站，其次需要考慮使用的總功率數。該類文章還會使用一些偏僻詞彙，如極端三接點、水能等詞彙。因此在寫利用太陽能發電的文章時，主要是考慮在何處建立太陽能水電站和實際使用的總功率兩個方面。

（3）描述如何開發和利用太陽能的文獻中使用的高頻詞彙次數，如圖4-4所示。

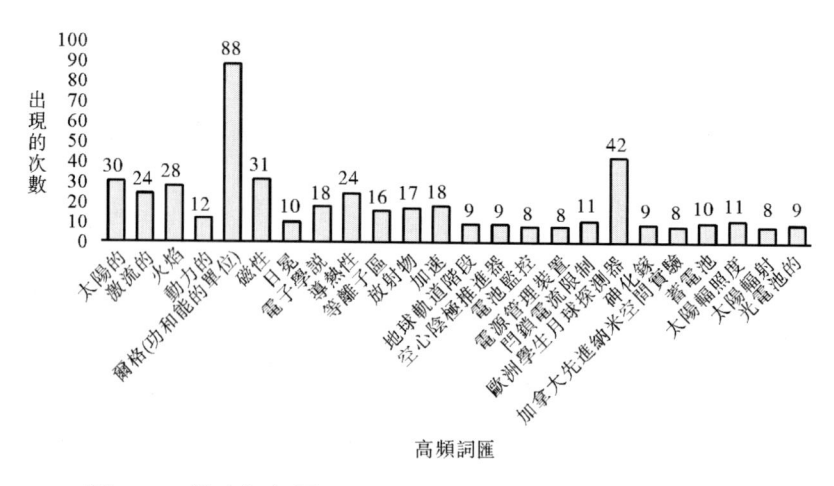

圖4-4　描述如何開發利用太陽能使用的高頻詞彙的次數

從圖4-4可以看出，在討論如何開發和利用太陽能的文章中，其所使用的專業詞彙有太陽能、爾格、探測器、導熱性、等離子區等詞彙，其中使用頻率最高的詞彙是爾格（是功和能的單位）。在這類文獻中還會使用太陽輻射、光電池、納米等詞彙。這就說明利用和開發太陽能是與其特性有關，因此還需要一些詞彙，如動力的、導熱性、火焰等。

二、生物質能領域的詞彙分析

現在，我們所知道的生物能源的最基本來源是生物質。生物質包括植物、動物及其排泄物、垃圾及有機廢水等幾大類。從廣義上講，生物質是植物通過光合作用生成的有機物，它的能量最初來源於太陽能，所以生物質能是太陽能的一種，是太陽能最主要的吸收器和儲存器。太陽能照射到地球後，一部分轉化為熱能，一部分被植物吸收，轉化為生物質能。由於轉化為熱能的太陽能能量密度很低，不容易收集，只有少量能量被人類利用，其他大部分存於大氣和地球中的其他物質中；生物質通過光合作用，能夠把太陽能富集起來，儲存在有機物中。基於這一獨特的形成過程，生物質能既不同於常規的礦物能源，又有別於其他新能源，兼有兩者的特點和優勢，是人類最主要的可再生能源之一。

生物質具體的種類很多，植物類中最主要也是我們經常見到的有木材、農作物（秸秆、稻草、麥秆、豆秆、棉花秆、谷殼等）、雜草、藻類等；非植物類中主要有動物糞便、動物屍體、廢水中的有機成分、垃圾中的有機成分等。現在，對生物能源的運用，可以提高資源利用率。生物質能源最重要的特點是能夠保障能源安全，而且減輕環境污染。在這一點上，作為生物質能源重要組成部分的能源作物更是體現得淋灕盡致。如甜高粱，不僅可以通過能量轉換替代化石液體燃料，保障能源安全，同時還能保障糧食安全，而且還能吸收二氧化碳，其在加工過程中無污染，原料得以物盡其用。生物質能源是可再生能源領域唯一可以轉化為液體燃料的能源。它不僅具有資源再生、技術可靠的特點，還具有對環境無害、經濟可行、利國利農的發展優勢。生物質能源是一種可再生的清潔能源，其開發和使用生物能源，符合可持續的科學發展觀和循環經濟的理念。當

前生物質能源的主要形式有沼氣、生物制氫、生物柴油和燃料乙醇。而在當前生物質能源中，我們所看的文獻多數是關於生物質能的形成和開發利用。

因此在闡述新能源中有關生物質能文獻的高頻詞彙出現的次數時，要考慮包括以下幾個方面。

（1）關於生物質能形成所使用的高頻詞彙，具體出現的次數如圖4-5所示。

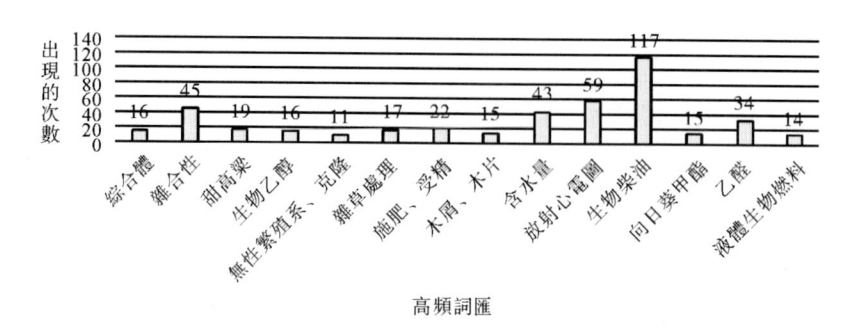

圖4-5　關於生物質能形成所使用的高頻詞彙的次數

從圖4-5可以看出，關於生物質能如何形成的文章中出現的詞彙主要有雜合性、生物柴油、含水量等詞彙，其中使用頻率最高的詞彙是生物柴油。

（2）關於如何利用和開發生物質能的文章中使用的高頻詞彙出現的具體次數如圖4-6所示。

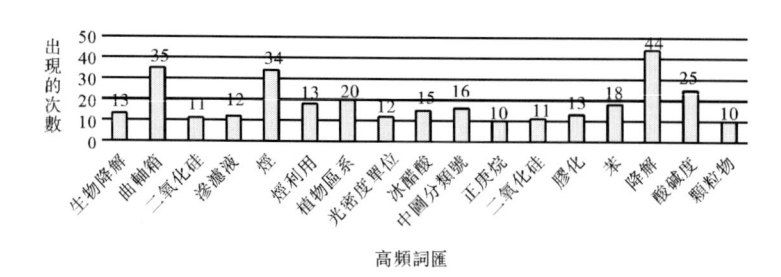

圖4-6　關於如何開發和利用生物質能的高頻詞彙的出現次數

從圖4-6可以得出，在有關利用和開發生物質能的文章中，使用次數最高的專業詞彙是降解，其次是曲軸箱、酸鹼度、顆粒物、生物降解等在這類文章中也會涉及。

三、海洋能領域的詞彙分析

海洋能具體指蘊藏於海水中的各種新能源，包括潮汐能、波浪能、海流能、海水溫差能、海水鹽度差能等。這些新能源都具有可再生性和不污染環境等優點，是一項可以開發利用的新能源。波浪發電，據科學家推算，地球上波浪蘊藏的電能高達90萬億度。現在海上導航浮標和燈塔已經用上了波浪發電機發出的電來照明；大型波浪發電機也已經出現了。中國在對波浪發電進行研究和試驗，並制成了供航標燈使用的發電裝置。潮汐發電，據世界能源組織預測，到2020年，全世界潮汐發電量將達到1,000億~3,000億千瓦。世界上最大的潮汐發電站是法國北部英吉利海峽上的朗斯河口電站，發電能力為24萬千瓦。中國在浙江省建造了江廈潮汐電站，總容量達到3,000千瓦。目前，全世界的潮汐發電、波浪發電和洋流發電等海洋能的開發利用取得了較大發展，其中初步形成規模的是潮汐發電，全世界潮汐發電總裝機容量大約30萬千瓦。

因此涉及海洋能的文獻一般是從以下幾個方面進行描述：一是有關海洋能的概念及其如何形成；二是如何開發和利用海洋能。因此在討論描述海洋能的高頻詞彙時，本書主要是從海洋環境調查方面來尋找有關描述海洋能的專業詞彙。

有關海洋環境調查所用的專業詞彙的出現次數，如圖4-7所示。

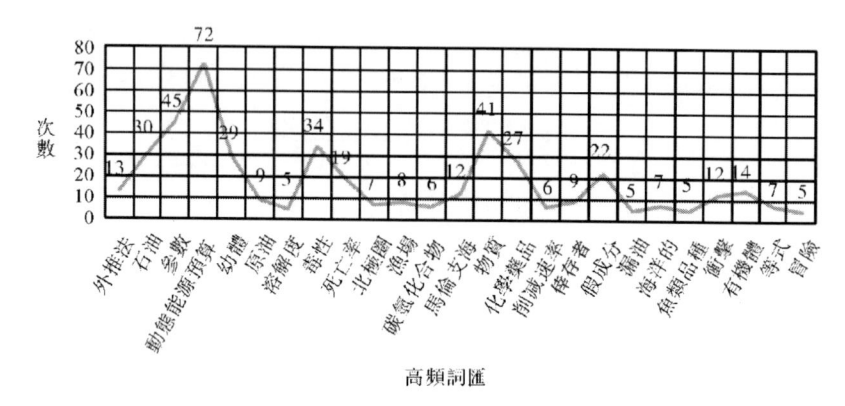

图 4-7　有關海洋環境調查的高頻詞彙的出現次數

從圖 4-7 可以得出，在海洋環境調查相關的文章中，使用頻率最高的詞彙是動態能源預算，其次是需要設置相關的參數。根據所調查的參數，利用相關的等式來求出變量，從而可以判定此處海洋蘊藏的能源，如海洋能、石油等。

四、地熱能領域的詞彙分析

地熱能是來自地球深處的可再生性熱能，它來自於地球的熔融岩漿和放射性物質的衰變。地下水的深處循環和來自極深處的岩漿侵入到地殼後，把熱量從地下深處帶至近表層。其儲量比目前人們所利用的能量的總量多很多，大部分集中分佈在構造板塊邊緣一帶（該區域也是火山和地震多發區）。地熱能不但是無污染的清潔能源，而且當熱量提取速度不超過補充的速度時，該熱能是可再生的。地球內部熱源可來自重力分異、潮汐摩擦、化學反應和放射性元素衰變釋放的能量等。放射性熱能是地球主要熱源。

因此對新能源———地熱能的描述主要從兩個方面進行：一是地熱能的形成和特性；二是地熱能的開發利用。本書在總結有關地熱能的專業詞彙出現次數時也是從這兩個方面進行的。

（1）描述地熱能的形成所使用的高頻詞彙出現的具體次數，如圖4-8、圖4-9、圖4-10所示。

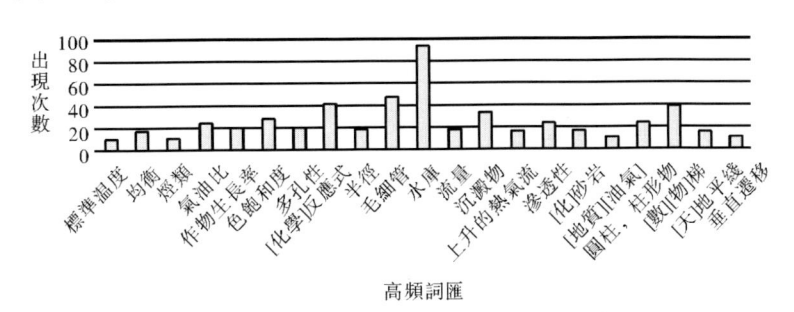

圖4-8 描述地熱能形成所使用的高頻詞彙的出現次數

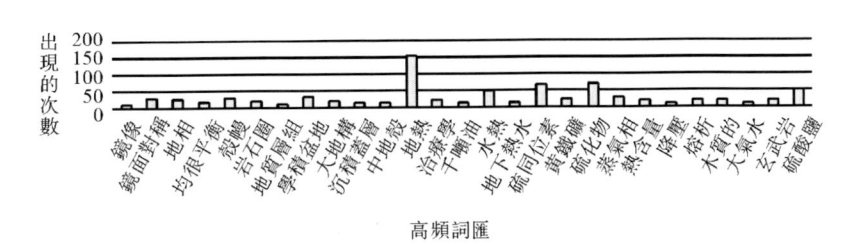

圖4-9 關於地熱能形成和特性的高頻詞彙的出現次數

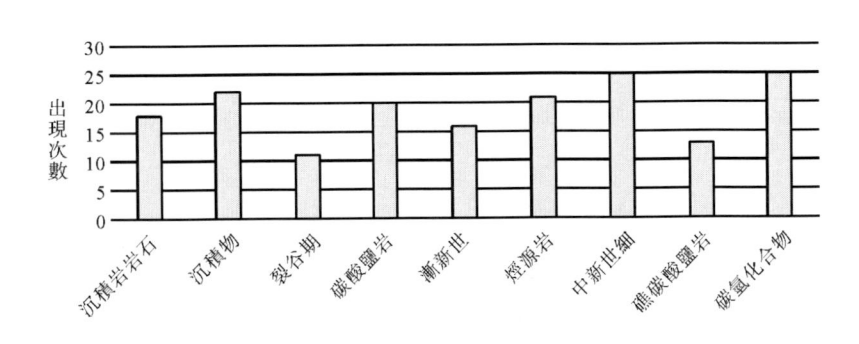

圖4-10 關於地熱能形成的專業詞彙的出現次數

從圖4-8、圖4-9、圖4-10中可以看出，關於地熱能如何形成的專業詞彙有沉積物、沉積岩岩石、地殼、地質層組、多孔性等詞彙，其中使用的頻率最高的是地殼。研究地熱能是如

何形成的肯定會涉及地殼的地質構成的。

（2）描寫地熱能的開發和利用的文章中專業詞彙所出現的次數，具體如圖 4-11 所示。

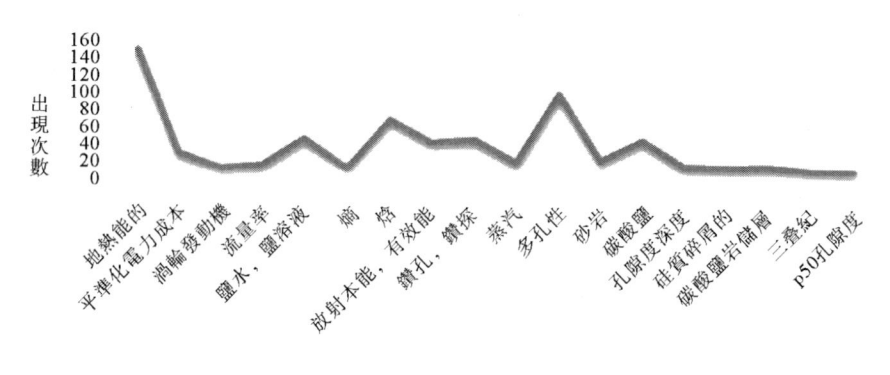

圖 4-11　關於地熱能的開發和利用的專業詞彙所出現的次數

從圖 4-11 可以看到，關於地熱能的開發和利用的專業詞彙中，出現的次數最多的是地熱能，其他的專業詞彙比較晦澀難懂。

第三節　新能源專業文獻的寫作方法

在關於新能源的專業文獻中，中文文獻一般用的文體是專業說明文，所使用的詞彙都是關於新能源方面的專業詞彙。中文文獻所使用的專業詞彙比較多，讀者讀起來很困難；修飾成分比較少，用詞講究，因此相對來說是具有客觀性的。而在關於新能源的英文文章中，句子一般比較複雜，高頻率的專業詞彙的使用有一定的規律可循。

在關於新能源的專業文獻中，無論是中文還是英文，作者一般會使用總分結構，開篇闡明文章的主題，總結全文，使用

關鍵詞，為讀者提供文章背景，使讀者對文章難度有所瞭解。

　　總之，在有關新能源方面的論文或者文獻中，使用相關的專業詞彙能夠使得文章用語簡單明了、結構明確、不帶有感情色彩，同時利用相關的數據和實驗做支撐，能夠有效地闡述所建立的模型及論點。雖然，本書在研究中所採用的樣本數據量較小，但仍能夠得到一些規律。通過瞭解這些高頻率的詞彙，可以發現新能源領域關注的重點問題和核心概念，同時，通過詞頻分析能夠發現高頻詞彙和低頻詞彙之間的關係，可以進一步延伸到不同新能源主題研究方向的歸類總結中。

第四節　小結

　　通過本章的分析，可以發現在太陽能研究領域，配合基、氧化還原反應、氧化、多電子、鈷等詞彙出現頻率較高。在利用太陽能發電方面，太陽能水電站、總功率是出現頻率較高的詞彙。這些詞彙一定程度代表了當前研究的熱點。在生物質能研究領域，生物質能和生物柴油出現的頻率最高，由此表明，生物能源更偏向如何將其轉化為常規能源的研究和探索。海洋能研究領域，動態能源出現的頻率最高，這主要涉及能源計算的研究，與生物質能的研究有顯著差異。在地熱能研究領域，高頻詞彙主要涉及地質構成和測量術語，可以看出其研究側重於低熱能開採條件及開採可行性方面。

第五章 專業文獻詞彙特徵分析

現代科學技術日新月異，新產品、新概念、新理論不斷地湧現，各種專業術語應運而生，令人耳目一新。無論從數量上還是從發展程度上來看，專業詞彙已經成為英語詞彙中最有活力的一個組成部分，且有著愈來愈重要的地位。專業英語文獻的詞彙由非專業詞彙、次專業詞彙和專業詞彙構成。次專業詞彙使用頻繁，在任何專業文獻中均占80%以上；專業詞彙種類繁多、數量龐大。在專業文獻中，「名詞+名詞」使文章結構靈活多變；大量的縮寫詞、符號、公式、分子式、方程式等構成了專業英文文獻的詞彙特色。下面主要通過專業文獻的詞彙層面來分析專業英語的文體特點，並以純專業技術詞和次技術詞為重點，對當代專業英語詞彙自身特點做出一些探索。

第一節 專業文獻的詞彙樣本及使用分析

一、總體特徵

本章選擇了70篇自然科學類論文中的專業文獻，文獻中共使用專業詞彙28,720次，其中使用專業詞彙最多的一篇論文共

有專業詞彙 1,244 個，使用專業詞彙最少的一篇論文僅含專業詞彙 25 個。專業詞彙使用分佈如表 5-1 所示。

表 5-1　　　　　　　專業詞彙使用分佈表

分組（個）	頻數	頻率（%）
1~200	13	18.57
201~400	28	40.00
401~600	16	22.86
601~800	9	12.86
801~1,000	1	1.43
1,001~1,200	1	1.43
1,201~1,400	2	2.86
合計	70	100.00

如圖 5-1 和圖 5-2 所示，70 篇文獻中，專業詞彙使用數為 1~200 個的共有 13 篇論文，占比約 19%；專業詞彙使用數為 201~400 個的共有 28 篇論文，占比 40%；專業詞彙使用數為 401~600 個的共有 16 篇論文，占比約 23%；專業詞彙使用數為 601~800 個的共有 9 篇論文，占比約 13%；專業詞彙使用數為 801~1,000、1,001~1,200 個的各有 1 篇，各占比約 1%；專業詞彙使用數在 1,201~1,400 個共計 2 篇，占比約 3%。

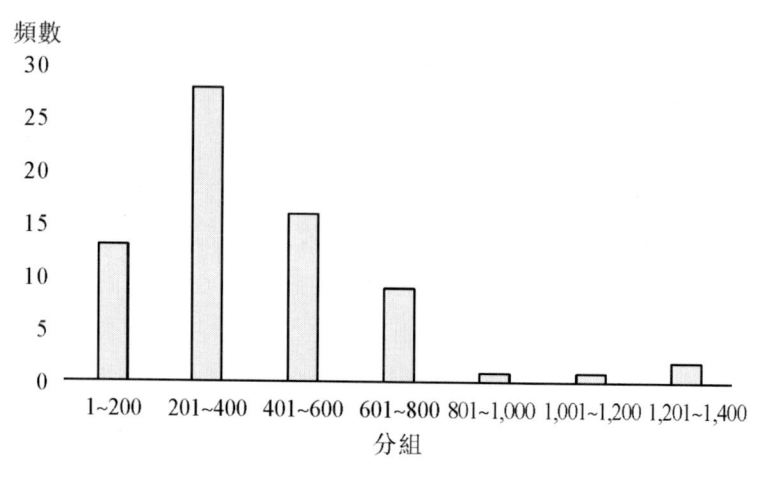

圖 5-1　專業名詞使用頻數直方圖

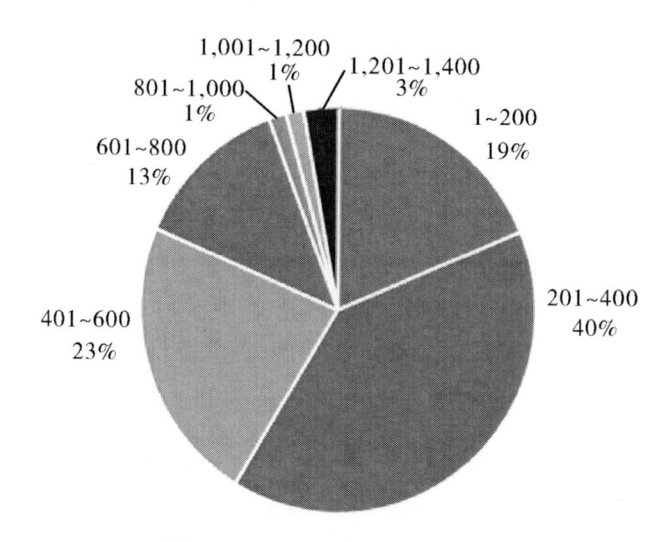

圖 5-2　專業名詞使用頻率圖

二、難點詞彙分析

接下來，通過字母、字數及詞性來分析高頻難點詞彙的規律。在 70 篇論文中隨機抽取 30 篇論文，提取出最高頻的詞彙，如表 5-2 所示。

表 5-2　　30 篇論文使用頻次最多專業名詞

專業名詞	中文釋義	頻率(占總數)	字母個數	詞性
pyrolysis	熱解	22.04%	9	名詞
acrylamide	丙烯酰胺	11.44%	10	名詞
RME	生物柴油	22.16%	3	縮略詞
wind farm	風電場	23.49%	8	組合詞
gasification	氣化	18.69%	12	名詞
peroxide	過氧化物	20.24%	8	名詞
methane	甲烷，沼氣	15.49%	7	名詞
inhibitors	抑制劑	18.86%	4	名詞
insulation	絕緣，隔熱	9.05%	10	名詞
degradation	降解	10.11%	11	動詞
aromatic	芳香族	13.26%	8	名詞
SSD	sub-slab 減壓	17.38%	3	縮略詞
genetic	遺傳的	23.05%	7	形容詞
energy	能源	18.57%	6	名詞
fossil fuels	化石燃料	16.38%	11	組合詞
transistor	晶體管	4.03%	10	名詞
dynamo	發電機	11.88%	6	名詞
hydrate	水化合物	21.30%	7	名詞
combustion	燃燒；氧化	41.20%	10	名詞
reservoir	水庫	15.06%	9	名詞
pumped-storage	抽水蓄能	17.35%	13	組合詞
geothermal	地熱	22.91%	10	名詞
hydroelectric（HE）	水力發電的	56.17%	13	形容詞
ethanol	乙醇	44.85%	7	名詞
VSD	變速轉動	12.26%	3	縮略詞

表5-2(續)

專業名詞	中文釋義	頻率(占總數)	字母個數	詞性
diesel	柴油機	15.14%	6	名詞
geothermal	地熱能的	24.10%	10	形容詞
erg	爾格（功和能的單位）	20.32%	3	縮略詞
dendrimer	樹形分子；聚合物；樹狀聚物	18.56%	9	名詞

通過表5-3和圖5-3可以直觀地發現，一般最高頻詞彙在一篇文獻的使用頻率為10%～20%，也有很多最高頻詞彙占到專業詞彙的20%～30%。

表5-3　　最高頻詞彙使用分佈表

頻率（%）	0~10	10~20	20~30	>30
個數	2	16	9	3

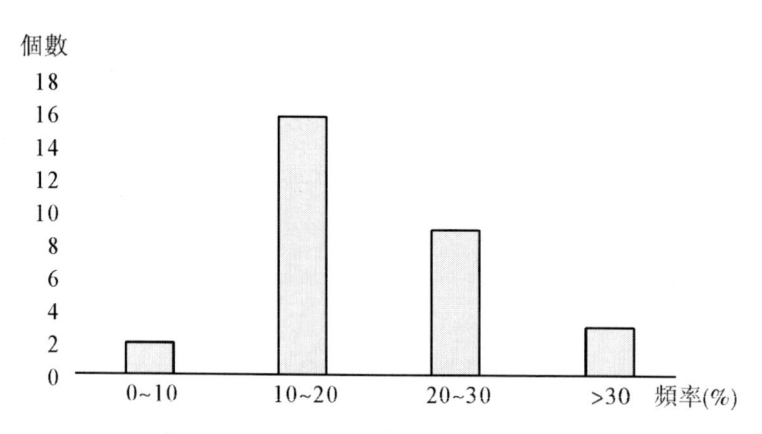

圖5-3　最高頻詞彙使用頻率直方圖

在最高頻詞彙中，通過表5-4、圖5-4和圖5-5表可以發現，這些高頻詞的單詞字母基本在12個單詞以內。在英語中通常把7個字母以內的單詞稱為小詞。同時我們可以發現，最高

頻詞彙是小詞的數目占到40%，占比最多的是8~12個字母的詞彙，占到53.3%，而大於12個字母的超長詞彙則不足10%。在這些最高頻詞彙中，我們可以發現基本都是專業名詞術語，然後是一些縮略詞或組合詞，而動詞和形容詞占比很小。

表 5-4　　　　最高頻詞彙字母個數分佈表

字母個數	1~7	8~12	>12
個數	12	16	2
頻率（%）	40	53.3	6.7

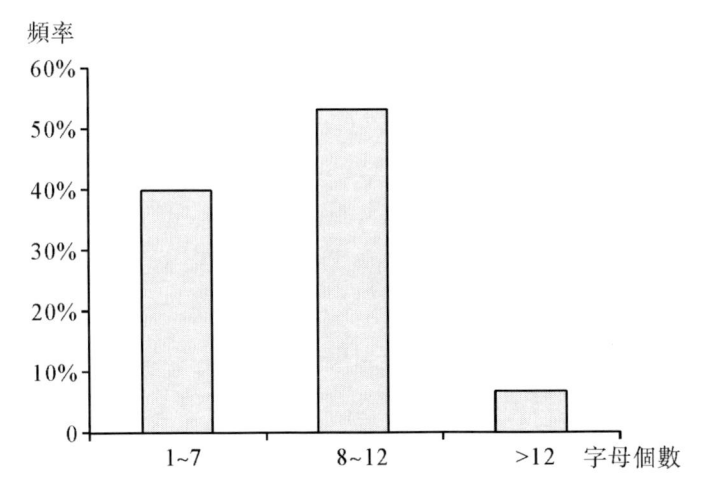

圖 5-4　最高頻詞彙字母個數直方圖

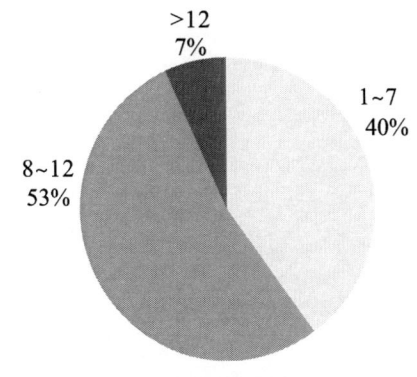

圖 5-5　最高頻詞彙字母個數頻率圖

第五章　專業文獻詞彙特徵分析 | 73

三、專業文獻的詞彙使用分析

1. 專業詞彙的使用概況

研究表明，專業文獻的基本結構是相似的，主要包括標題、作者及其工作單位、摘要、關鍵詞、正文和參考文獻，正文包括引言、實驗過程、圖標與討論、結論等幾個部分[50]。

本書選擇的 70 篇英文文獻全都來自世界一流的期刊，例如 *Energy Policy* 等。選用的 70 篇能源專業論文中，共使用專業詞彙 28,720 次，其中使用專業詞彙最多的一篇論文共有專業詞彙 1,244 個，使用專業詞彙最少的一篇論文僅含專業詞彙 25 個，所採集的專業詞彙包括「CO_2」「biomas」等在生活中常見的名詞，也包括「methanation」「hemicellulose」等只在專業領域中才出現的名詞。

本書對 70 篇文獻的專業詞彙使用頻數進行了簡單統計，並分為 6 組（如表 5-5 所示），其中不難發現，約 81% 的文章專業詞彙使用數都在 600 個以下，在專業期刊發表的文獻中，大多數文章的專業詞彙使用都集中在這個階段；其中 40% 的文章專業詞彙使用數為 200~400 個。

表 5-5　　　　　　專業詞彙使用分佈表

分組（個）	頻數	頻率(%)	向上累計 頻數	向上累計 頻率(%)	向下累計 頻數	向下累計 頻率(%)
1~200	13	18.57	13	18.57	70	100.00
201~400	28	40.00	41	58.57	57	81.43
401~600	16	22.86	57	81.43	29	41.43
601~800	9	12.86	66	94.29	13	18.57
801~1,000	1	1.43	67	95.71	4	5.71
1,001~1,200	1	1.43	68	97.14	3	4.29
1,201~1,400	2	2.86	70	100.00	2	2.86
合計	70	100.00	—	—	—	—

如圖 5-6、圖 5-7 所示，70 篇文獻中，專業詞彙使用數為 1~200 個的論文共有 13 篇，占比 19%；專業詞彙使用數為 201~400 個的論文共有 28 篇，占比 40%，表明在這 70 篇期刊中，專業名詞使用數在這個區間的論文篇數是最多的；專業詞彙使用數為 401~600 個的論文共有 16 篇，占比 23%；專業詞彙使用數為 601~800 個的論文共有 9 篇，占比 13%；專業詞彙使用數為

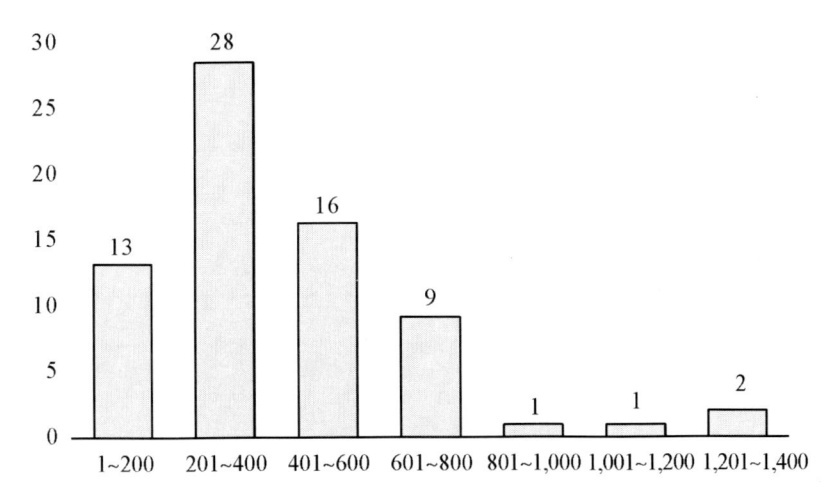

圖 5-6　專業名詞使用頻數直方圖

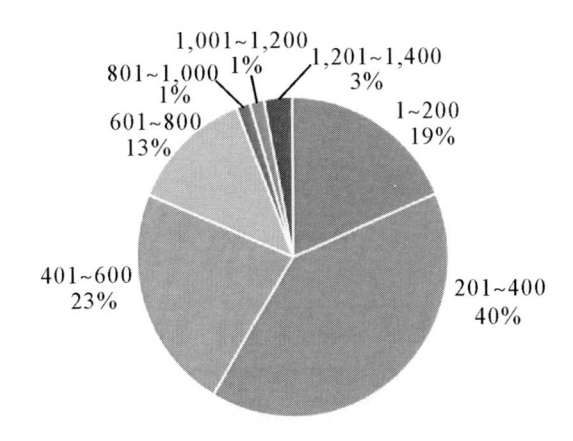

圖 5-7　專業名詞使用頻率圖

第五章　專業文獻詞彙特徵分析

801~1,000、1,001~1,200個的論文各有1篇,各占比1%;專業詞彙使用數為1,201~1,400個的論文共計2篇,占比3%,這個數據表明在70篇論文中,使用專業英文詞彙數超過1,000個的論文並不多。

在選用的70篇文獻中,我們將使用次數排名前十的單詞定義為高頻詞。經過統計,如表5-6所示,使用次數最多的單詞為「hydroelectric」,共696次,其次為「diesel」,共為270次,使用頻數第三的專業名詞為「hydrate」,共265次,此後依次為「biodiesel」「gas hydrate」「energy」「fuel cells」「ethane」「total power」「geothermal」。前十名高頻使用專業詞彙使用頻數共計2,513次,占70篇文獻中所有專業詞彙的比重為8.6%。

表5-6　　　　使用次數排名前十的專業名詞

高頻詞	中文釋義	使用次數(次)
hydroelectric	水力發電的	696
diesel	柴油機	270
hydrate	水化合物	265
biodiesel	生物柴油	238
gas hydrate	天然氣水合物	197
energy	能量	180
fuel cells	燃料電池	177
ethane	乙烷	169
total power	總功率	165
geothermal	地熱的	156
總數		2,513

2. 高頻詞彙的使用對文章閱讀的影響

下面,我們來分析高頻詞與文章專業名詞總數之間的關係(如表5-7所示)。經過分析,不難發現使用頻次排名前十的單

詞分屬於三篇不同的英文論文，這三篇論文來自不同的英文期刊，我們將這三篇論文編寫序號，分為1、2、3。

表 5-7　　　　　高頻詞與專業名詞總數的關係

序號	高頻詞	頻次	專業名詞總數	百分比
1	geothermal	156	1,239	13%
	hydroelectric	696		56%
	total power	165		13%
	fuel cells	177		14%
2	hydrate	265	1,244	21%
	gas hydrate	197		16%
	ethane	169		14%
	energy	180		14%
3	biodiesel	238	1,123	21%
	diesel	270		24%

　　經過比較，我們發現這十個單詞分屬的三篇文章，同時又是專業詞彙使用數量最多的前三篇文章，專業詞彙總數分別是1,239個、1,244個、1,123個。其中，使用頻次最高的單詞「hydroelectric」所在的英文文獻，其使用專業詞彙也較多。這可以看出單個單詞重複使用的次數對整篇文章總的專業詞彙使用有很大的影響。在專業英文文獻的閱讀中，單個重點詞彙的理解對整篇文章的理解都有十分重要的影響。

　　下面，我們將要分析高頻次數與非高頻次數的關係。圖5-8向我們展示了專業詞彙中高頻詞數與非高頻詞數的相互關係。從圖5-8中我們可以觀察出，專業英語詞彙使用得較多的文章中，大部分專業詞彙都是高度重複的。在論文1中，高頻詞彙數占總專業詞彙數84%，其他專業詞彙數僅為16%；論文2中，高頻詞彙數占總專業詞彙數65%，其他專業詞彙數僅為35%；

論文3中，高頻詞彙數占總專業詞彙數的45%，其他專業詞彙數為55%。也就是說，在閱讀專業英文文獻的時候，只要學生理解清楚了高度重複的這些單詞，那麼剩下的專業詞彙對學生的阻礙將會變得很小。

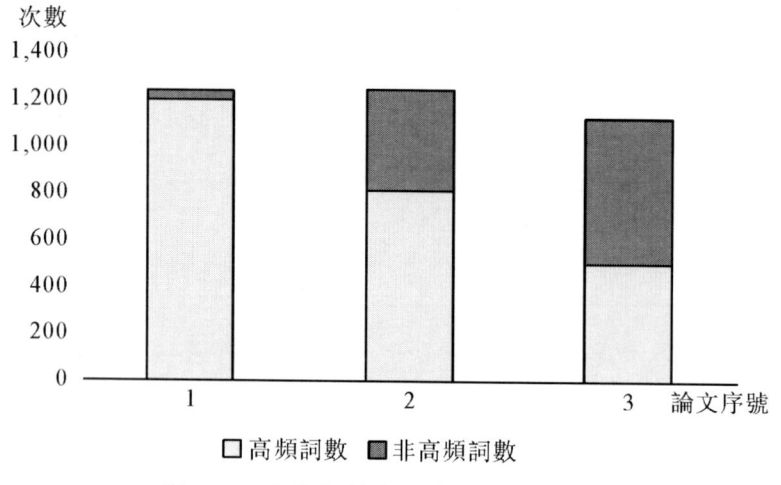

圖 5-8　高頻詞數與非高頻詞數的關係

3. 專業詞彙使用數的特點

根據以上分析，我們可以總結出專業英文詞彙在文獻中的使用具有以下特點：

一是文獻中專業詞彙的使用數大多為 200~600 個，可以看出專業詞彙的掌握對文章的理解是至關重要的。

二是專業詞彙的使用重複率很高。雖然專業英文詞彙對文章的理解十分重要，也是造成學生閱讀障礙的主要原因，但是通過對使用專業詞彙最多的前 3 篇文章進行分析，不難發現這些專業詞彙的出現並不是一兩次，大多數專業詞彙都會重複出現以突顯這篇文章的主要研究內容和中心思想。其中，一篇文章重複次數最多的單詞占該篇文章專業詞彙總數的 56%。換句話說，在文章的閱讀中，要對多次重複的專業詞彙進行重點突破，才能快速抓住這篇文章的主題。

三是高頻詞彙與摘要和關鍵詞緊密相關。閱讀摘要和關鍵詞是英文文獻閱讀的重要步驟。摘要和關鍵詞可以幫助讀者快速瞭解這篇文章的研究背景、方法、創新點等重要內容，讀者可以通過閱讀摘要和關鍵詞來判斷自己是否需要對該篇文章繼續閱讀。其中，文章的高頻專業詞彙一般會在摘要和關鍵詞中出現，或者與其高度相關。讀者可以根據摘要和關鍵詞的研究方向推測高頻詞彙所屬的領域和含義，以此來提高自己對文章的理解。

第二節　專業文獻的詞彙特點總結

專業文獻雖然沒有普通文獻更易理解，但是用詞更準確、更嚴謹。同時，專業文獻會列舉大量的例子來證明文章中提及的觀點，為自己的論點提供支撐；詞彙上大多使用中性詞（形容詞），不帶感情色彩，有大量專有名詞，並且句式與日常英語相比更加簡單，不使用各種修辭手法，簡潔明瞭，以便讀者能夠進行大篇幅的閱讀[52]。

專業文獻中專業術語多、複合詞多、縮略詞多、用詞明確，同時會使用較多的名詞化結構、被動語句、非限定動詞、後置定語及長句。

具體特點如下：

一、專業術語多且詞義專一

專業術語指某一學科領域所特有或專有的詞彙，其詞義常不為專業外人士明白，正如人們常說的隔行如隔山。大部分技術詞彙詞義專一，在英語中出現的頻率也不很高。通過本書前面的分析，我們不難看出專業文獻的鮮明特點：具有很高的正

式程度和很強的信息能力。由於現代行業種類繁多，學科門類龐雜，所以在一定程度上專業詞彙涉及的範圍也很廣，如「acrylamide」（丙烯酰胺），「aromatic」（芳香族），「methane」（甲烷，沼氣）等專業詞彙。從上述例子我們可以發現一個規律：一般意義上講，這類詞詞形越長，詞義越單一。而與之相反的是，在一般的通用英語中，一詞多義和一義多詞的現象卻屢見不鮮，如我們稱為萬能詞的「make」「do」「have」，它們幾乎可以用來代替英語中的所有動詞，在不同的語境下可以被賦予不同的意思。

二、次專業詞的大量使用

次專業詞彙指各專業、各學科都常用的詞彙，如「energy」「accumulate」「accuracy」「capital」「cell」「charge」「genetic」「load」「intense」「motion」「operation」「potential」「pressure」「react」「reflection」「resistance」「revolution」「tendency」等。次專業詞彙往往給專業文獻讀者造成困難，一方面是由於這些詞彙在專業文獻中出現頻率很高，據英曼（Inman）1978 年估計：次專業詞彙在專業文章中出現率高達 80%；另一方面是因為讀者在一般英語中常遇到的這些詞彙在不同的專業、不同的場合有不同的意義。例如，「work」作為名詞，在日常生活中的意思是工作、操作、加工、作業、事業、職業、著作、作品等；在物理學中的意思為功；在機器製造業中的意思為工件、工藝、機械、機加工、修理。這類詞往往在不同的語境有著不同的意思。「tension」這個詞，在早期的英語中表示蒸汽機的壓力，繼而在一般生活中用它表示緊張，在力學中表示張力，在電學中表示電壓。雖然這幾個意思的基本含義大致相同，但它們具體所指的含義不同。張力、壓力、電壓都是完全不同的概念，但卻處於同一個系統內[53]。

三、常用不同的縮略詞和合成詞

專業英語文獻中還有多種多樣的縮寫詞。常見的縮寫詞如：RME（生物柴油），SSD（sub-slab 減壓），AC（交流電），scv（交換虛擬電路），MVA（機械振蕩分析）。此外，在專業英語文獻中還有大量的截短詞。有的截去詞尾，如：ad（廣告），auto（汽車），gas（汽油），kilo（公斤），trig（三角學）等。同時專業英文文獻經常會出現一些組合詞，「名詞+名詞」結構靈活多變，如 gas phase（氣相），sustainable energy（可持續能源），transmission accuracy（轉動精度）。

四、用詞多為不帶感情色彩的中性詞

專業英文文獻的用詞一般不像通用英語詞彙、文學英語詞彙那樣具有豐富的感情色彩，雖然這些詞彙可以用來表示肯定或否定，但無褒貶之意。所以專業英文文獻往往選用一些較長的特定詞，只有這樣才能清楚地表達含義，從而達到客觀描述的目的，如表示滿意，用「satisfactory」而不是「OK」；表示引起，用「cause of」而不是「lead to」；表示維持，用「maintain」而不是「keep」。

第三節　專業文獻學習要點

專業英語把英語和專業知識緊密結合起來，通過英語用專業語言來說明客觀存在的事實或事物[54]。專業文獻的閱讀對本科生、研究生、博士生都有十分重要的意義。在當今科學技術迅速發展的環境下，專業英語論文是學生瞭解專業區域國內外研究趨勢的重要途徑和必要手段。英語是世界通用語言，英文

文獻中儲存了大量的專業學術知識、研究成果等，學生有必要通過閱讀專業英文文獻來提高自己的能力。專業英文文獻閱讀的重要性主要體現在以下兩個方面：

1. 英語期刊是學術成果的主要發表地

當今世界的學術期刊中，60%都是英文期刊，其中世界頂級的期刊幾乎全都是英文期刊，大約有三分之二以上的研究者使用英語發表論文。英文作為國際通用語言，儲存了豐富的資料和重要的研究成果。閱讀英語專業文獻可以熟悉國際最新信息、學科前緣，是拓寬自己的專業視野的最佳和最有效的途徑。

2. 專業英語閱讀能力與英語學習相輔相成

從寫作的角度來說，專業英文文獻與日常英語有許多不同之處，但語言的學習都是共通的。日常英語不僅是與國際溝通的一種方式，也是學生順利閱讀專業英文文獻的基礎。因此，在高校教育中一定不能忽視日常英語的重要性。而專業英文文獻的閱讀又反過來提高了學生的日常英語學習能力，學生可以在閱讀的過程中拉近與學科前沿研究的距離，在閱讀中不斷思考、懷疑，將自己的專業興趣與英語學習恰當地結合在一起，從而有力地激發英語的學習動機。

為提升專業文獻相關能力，可從探索專業詞彙規律入手，在學習方面總結有效方法，形成自己的方法，可參考以下幾點：

第一，讀一篇英文文獻的時候，首先閱讀題目和摘要，尤其是專業文獻，找到題目和摘要中的關鍵詞彙進行翻譯並做好筆記；瞭解文章主旨，在文段閱讀中圈出高頻詞彙，加以記憶。

第二，定期集中時間看英文文獻或者相關書籍，集中時間閱讀，做好讀書筆記，這樣有助於思維連貫，能更好地啟發研究思路。培養隨時單詞記憶的習慣。

第三，平時學習要善於收集專業名詞。閱讀專業英文文獻的主要障礙是在於專業詞彙較多，而且這些專業英文詞彙往往

比較生僻。然而，對於某個專業領域的英文文獻來說，大多數英文詞彙都是反覆出現的，因此日常學習中要形成收集的習慣，這樣便可以大大減少查閱單詞中文意思的時間。

　　第四，學會比較和分析。專業領域中，許多相關研究都是有相似點的，在閱讀文獻的過程當中，應當學會比較各篇文章之間的異同，善於思考[55]。

第四節　小結

　　本章總結了專業文獻詞彙的特點，希望能給專業文獻學習者提供一些幫助，從而提高英文文獻的閱讀能力，同時對相關英文文獻的翻譯也能提供一些翻譯的角度，可供學習者參考。

第六章　教育視角下的專業文獻分析

　　隨著全球化的不斷發展，各國之間的交流日益密切。作為當今世界上主要的國際通用語言之一，英語十分重要。英語閱讀能力是提高英語綜合能力的基礎，在培養英語學習者的語感、促進詞彙累積及提高寫作水準方面發揮著重要作用。也就是說，要想提高英語綜合能力，需要在英語閱讀方面下功夫。

　　然而，在世界經濟發展的當前形勢下，僅具備通用英語技能還不足於應對工作中的問題。因此，對當代大學生而言，不僅僅要學好基礎英語，更要強化專業性英語方面的學習，滿足日後發展的需要。

　　專業文獻的文體又稱「科學文體」（scientific prose style），也常被稱為專門用途英語。有關自然科學和社會科學的專著、學術論文及實驗報告等均屬這類文體。一般來說，專業文獻的文體屬於正式文體，它講究邏輯上的條理清楚和思維上的準確嚴密，而不是追求語言的形象性和藝術價值。因此，多數專業文獻是客觀地敘述事物的過程和特性，陳述客觀真理。[1]

　　由此可見，專業文獻具有不同於其他文體的特點，對其他類型文章具有較強閱讀能力的學生不一定擅長閱讀專業文獻。基於這種情況，我們對某高校大學生專業文獻的閱讀情況進行

調查，希望根據其反應的問題，在英語文章的普遍性的基礎之上找出專門用途英語的特殊性，並提出英語專業大學生提高專業文閱讀能力的方法。

第一節　研究方法

一、研究對象

以某高校 2015 級英語專業的兩個班的同學為調查對象。該校面向全國招生，生源來自全國各地，較好地涵蓋了不同地區的同學。需要提到的一點是，該校是以經濟學管理學為主題、金融學為重點的財經類 211 高校，生源質量屬於中上水準，且學生接觸更多的是財經類英語，因此調查結果不能代表全國英語專業大學生的普遍水準。

二、材料搜集方法

為了調查同學們在閱讀英語專業文獻時遇到的問題及相關看法，我們選取了兩個班的同學，令其閱讀 1~2 篇英語專業類文章，找出文中重要的專業詞彙以及出現的頻率，並寫一份對文章的分析與感悟。我們對同學們上交的數據進行了匯總整合，分析其中的問題。

第二節　句子特點分析

專業英語是由日常英語發展而來，但在單詞的使用和語法的表述上又與日常英語存在著許多不同，其中最明顯的兩個特

點：廣泛使用名詞化結構和大量使用被動語態[56]。

一、名詞化結構

名詞化指的是把動詞、形容詞等通過一定的方式，如加綴、轉化等轉換成名詞的語法過程。即在日常英語或其他功能和題材裡用動詞、形容詞等詞類充當某種語法成分，在專業英語裡往往會轉化為由名詞充當這種語法成分，其中最明顯的就是動詞名詞化和大量表示行為或狀態的抽象名詞。

例如，在日常英語中我們通常說：

「We can improve its performance when we use super-heated steam.」

翻譯：可以使用超熱蒸汽改進其性能。

而在專業英語中，我們通常說：

「An improvement of it's performance can be effected by the use of super-heated steam.」

由於大量使用名詞化，專業英語中名詞出現的頻率將會大大增加。動詞變為名詞的主要方式是加後綴，如 -ment，-sion，-tion，-ance，-xion 等後綴。當然，這些名詞不僅可以表示動作，還可以表示存在的狀態、手段、結果等。例如：

「The dependence of the rate of evapo ration of a liquid on temperature is enormous.」

翻譯：液體蒸發速度很大程度上取決於它的溫度。

相比於日常英語，專業英語更加追求句子結構精簡、邏輯性強，能用最清楚的方式表達出事物之間的因果關係，因此專業英文文獻的表達往往更加抽象。

專業英語要求用詞簡潔、表達明確、結構嚴密、描述客觀[77]。因此，在專業英文文獻中，可以通過名詞短語的形式來表達一個日常英語中的長句結構，並且邏輯比日常英語更加清

晰。此外，動詞名詞化能夠表達出科學研究中事物的重要性，由此可以引起讀者的高度重視，從而傳達出該篇文章研究者的感情。

二、被動化語態

專業英文文獻中，研究者表達的重點不在於誰做，而在於怎麼做。在日常英語中，表達者經常強調主、謂、賓的設置，要求句子的行動主體清晰，而在專業英語中，動作的執行者是無關緊要的，我們強調的是方法或結果。

專業英文文獻中，被動句主要體現出以下三種方式：

一是若主語為無生命名詞，則可以將英語被動句理解為漢語的主動句，例如：

「Matter is known to occupy space.」

翻譯：我們都知道物質佔有空間。

二是當研究者強調的是研究對象或研究動作方法時，可以直接理解為漢語被動句，例如：

「The laws of motion will be discussed in the next articles.」

翻譯：運動定律將在下一篇論文中予以討論。

三是若主語不重要，則可以直接理解為無主句，例如：

「Heat losses can be reduced by fire bricks.」

翻譯：可以用耐火磚來減少熱量的損耗。

應當靈活理解專業英語中的被動句，學生在閱讀時應理解其主要含義和強調內容。專業英語的翻譯有非常多的技巧，也有很高的難度，在閱讀專業英文文獻時不要求逐字逐句完整翻譯，而是應該在閱讀的過程中提煉出對學習研究有幫助的內容，理解其中心思想。

第三節 個案研究

一、學生角度的專業詞彙

圖 6-1 展示了一位同學閱讀 Pio Forzatti 和 Gianpiero Groppi 的 *Catalysis Today* 時，統計的重要詞彙詞頻結果。

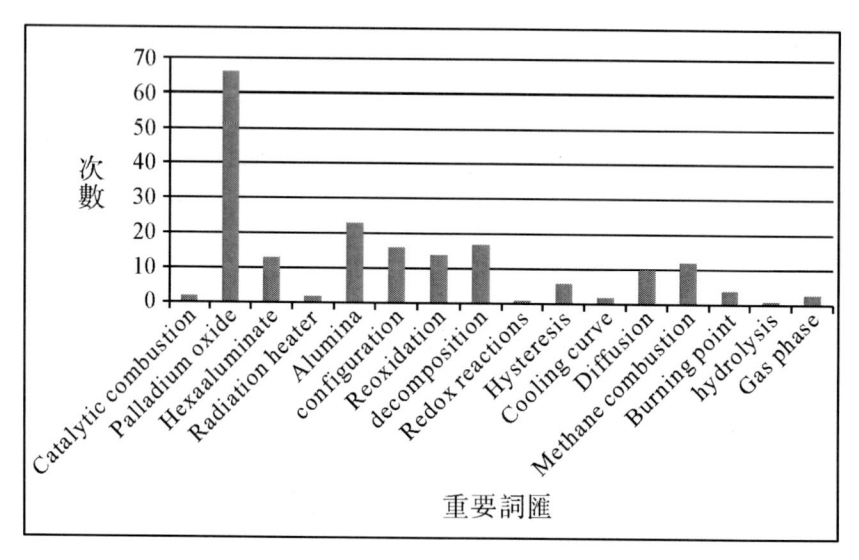

圖 6-1 *Catalysis Today* 中重要詞彙詞頻

從圖 6-1 中我們可以發現這些詞彙大多都具有高度術語性，在日常英語閱讀中較少遇到，像 Palladium Oxide、Aluming、decomposition 這種專業名詞被反覆使用。

此外，我們可以發現這些詞大多比較「長」，如「decomposition」，這樣的詞多來源於法語和拉丁語，因此更具有準確的意義，更加符合專業英語力求準確的要求。「Catalytic combustion」（催化燃燒）、「methane combustion」（甲烷燃燒）這類複合名詞的使用也較多，使得文章更加緊湊利落[1]。

二、學生角度的段落分析

專業文獻基本沒有出現描述性的句子，沒有運用修辭手法，直接明了。

以下為一位同學對「Short-term Prediction of the Power Production from Wind Farms」中的一段做出的分析。

文章段落摘抄：

「In the model — as it stands now — one WASP-matrix is calculated for each wind farm. This might constitute a problem if the wind farm is big and therefore covers a large area, since the local effects and as a consequence the WASP-matrix will vary from turbine to turbine. As an example of this, consider the Kappel wind farm which runs along a more than 2 km long line. The normalised power production (taking only local effects into account) is shown in Fig. 6. From this it can be seen that significant variability (more than 15%) can be found within the wind farm. This leads to the conclusion that to estimate the local effects better it is not sufficient to look at only one point in a wind farm, but instead to look at all the turbines and then calculate an average correction. In the present model these differences are absorbed by the MOS filter.」[44]

「句子總的特點是修辭少、時態少、被動句多。不多使用修辭，使用的時態很少，涉及一般現在時、一般過去時和一般將來時這幾種簡單時態。因為專業文獻更加注重對於事實和結論的描寫，以及邏輯上的推理，很少會有主觀的，有情感的或形象的描述。從這段中還可以看出專業文獻的句法特點：廣泛使用被動語態句，這也和專業文獻主要是講述客觀現象和介紹專業成果的目的有關。使用被動句比用主動句少了主觀色彩，並

且能夠突出想要介紹的行為客體，也滿足了有時不需要或不可能指出行為主體的時候的需求。」

該同學較好地總結了英語類專業文獻句子的一些結構特點。專業文獻主要是為了客觀說明事物的過程、特點等，不追求句子的形象性，因此少修飾更利於簡潔明瞭地闡釋事物；專業文獻中最常運用的時態是一般現在時，因為專業文獻中的一些原理和對事實的陳述是不受時間限制的，在任何時間都適用；此外，大量運用被動語態也是專業文獻一個非常明顯的特點，因為專業類文章主要闡述客觀事物的狀態與過程，被動語態能夠更好地闡述客觀過程。

從該同學的分析中可以看出，大學生專業文獻閱讀能力已有顯著提升，總結問題條理清晰，能夠表達出自己的觀點。同時，大學生對專業文獻的閱讀方式有明顯的大學英語教育的痕跡，重視時態和語態的分析，而對邏輯分析闡述不夠，這也從一個側面反應了當前大學英語教育的短板。

第四節　提高專業文獻閱讀能力的策略

專業英語文獻使用的專業術語多、複合詞多、縮略詞多、用詞明確專業、基本沒有語意模糊和一詞多義現象[50]。上章我們在分析的70篇文獻中發現，專業詞彙使用高達28,720次，其中使用詞頻最高的有698次，占總專業詞彙的2.4%。結合上文的分析，不難發現專業詞彙過多是影響專業英語文獻閱讀的主要因素，此外，單詞詞性和句子結構的變化也給學生的理解增加了不少的困難。

一、存在的困難

1. 詞彙量較大且專業詞彙多

專業詞彙的多次使用可以使專業文獻的主題更加突出，使學習者更加明確主旨和研究方向，把握關鍵詞，掌握文章的主要內容。在上一章，我們發現一篇文獻的專業詞彙使用最多的達到 696 次，而專業詞彙多又是造成學生閱讀困難的主要因素。很多同學都反饋專業英文文獻中的詞彙專業性太強，不容易閱讀。學生在閱讀時需要查閱大量生詞的意思，浪費了很多時間，且這些詞彙多來源於法語、拉丁語，詞義精確、單詞較長，也不易記憶。

2. 專業文獻的專業性強

例如「These polymers are claimed to have potential in IOR Landoll, 1985」，在這句話中作者用了「be claimed to」這個短語，而不是直接說「have」。在專業文獻中，作者一般使用 should not, have, taken, more, than, almost, immediately, once 一類詞語，體現了專業論文的嚴謹性和說服性。這種用詞習慣與學生多年學習和使用的語法習慣有較大的差別。

同時，專業文獻針對某一具體學科方向進行撰寫，即使知道了每個單詞的意思，沒有一定的專業知識做支撐，讀者也很難理解文章的內容。這也是很多同學在閱讀一些理科類專業文獻時遇到的困難。

3. 篇幅長，長句多

在英語表達中，尤其是專業英文文獻的寫作中，長句表達較為常用。而在漢語表達中，多使用短句，關鍵詞較少。對於大多數學生來說，英語長句的判斷較為困難，邏輯結構掌握不清楚。

4. 派生詞、縮略詞多

相較於日常英語，專業英文文獻中含有大量的縮略詞和派生詞，其中也不乏作者自創的縮略短語。縮略詞、派生詞的使用會導致學生在閱讀過程中思維邏輯脫節，使得文章理解變得更加困難。

5. 語言理解難度的增加將會轉移學生的閱讀重點

除了以上由於專業英文文獻詞彙和句型結構帶來的困難外，學生在閱讀英文文獻時可能會因為無法理解大量的專業詞彙或者看不懂倒裝句型而喪失信心。大多數中國學生在初次接觸英文文獻時會花大量的時間在翻譯文獻上，這嚴重地影響了學生的閱讀速度和對文章的整體理解。

6. 容易使閱讀者感到枯燥和疲倦

專業文獻追求邏輯上的條理清楚、語言上的準確嚴密，以具體清晰地闡釋某一事物為目的，因此學術性較強。加上有些專業文獻較長，同學們易產生枯燥、疲倦的感覺，很難耐心地認真通讀整篇文章。

二、基本策略

專業英文文獻閱讀能力是大學生必須具備的一種技能之一。閱讀專業英語文獻是學生瞭解專業前沿發展、提高自身學習能力和綜合素質的必經之道。面對專業詞彙多、縮略詞多的英文文獻，大學生可以通過以下方式提高自身的閱讀效率。

第一，在平常學習過程中老師和學生自己都要加強對英語專業文獻的閱讀，鍛煉對此類文章的理解能力，在閱讀過程中掌握正確的閱讀方法。

專業英文文獻中存在大量的生詞，記憶起來耗時耗力。我們在詞頻統計時也發現專業詞彙會在文中反覆出現，因此學生在閱讀時針對自己所需多讀某一方面的專業文獻，累積此方面

的專業詞彙。通過閱讀英文專業文獻，同學們也會發現此類文章的特點，增強語感，減輕閱讀阻力。有同學反饋專業文獻中派生詞占的比例較大。例如，表示行為性質等的後綴-tion（combustion，gasification），由前綴bio-構成的詞，而這些詞彙較功能詞更容易記憶。同學們在閱讀中逐漸累積的這些經驗對提高閱讀能力以及詞彙的記憶能力有很大幫助。

此外，大學生在閱讀英文文獻的時候應當明白其主要目的是學習論文作者的研究方法、採集數據等，而不是對文章進行逐字逐句的翻譯。因此在英文能力有限的情況下，學生應學會閱讀題目和摘要，掌握文章研究內容、方法等主要內容，由此達到快速篩選文章、掌握文章主體的目的。學生務必掌握高頻詞彙的核心含義，由此擴展到其他詞彙，以點帶面，形成快速由詞彙到文獻的過渡。

第二，在需要大量閱讀某方面的英文專業文獻時，應提前瞭解學習一些專業性知識，在日常學習中總結高頻詞彙規律，為文章的閱讀打下良好基礎。

專業文獻雖然專業詞彙較多，且這些專業英文詞彙脫離日常使用，造成了學生的閱讀困難。但對於某個專業領域的英文文獻來說，大多數專業詞彙都是反覆出現的，只要高頻詞彙和中心詞彙被總結出來，該篇文獻的閱讀難度將會大大降低。因此學生只要在日常學習中形成搜集高頻專業詞彙的習慣，便可以大大減少每次查閱單詞的時間，也有助於提升自己的專業能力。

第三，學習期刊發表文章的寫作手法。

對於非母語者來說，純英文的寫作是一個非常大的挑戰。學習閱讀英文專業文獻，不僅是為了學習國內外研究者的研究方法和經驗，還是為了從中得到思考並開展自己的研究。練習英文專業論文的寫作方式，不僅能夠幫助我們提升自己的學習

效率，也能夠提升自己的專業寫作水準。這是未來工作不可或缺的一項能力。

第五節　小結

　　大學作為向社會過渡的一個階段。在這一階段，學生更應學習一些切合實際應用方面的知識。隨著國際社會更加開放，閱讀外國文獻、瞭解別國學術知識變得日益重要。因此，大學生更需要加強在英文專業文獻方面的閱讀能力。相對於其他體裁，專業文獻更傾向於客觀陳述事實、表述清晰、開門見山。因此閱讀方面的困難主要是因為學生對內容相關的學科知識瞭解不到位。

　　通過對英語專業同學閱讀專業文獻狀況的調查，我們從教育的視角分析了英語專業文獻的特點，發現了同學們在閱讀此類文章中遇到的困難。從本書的研究角度來看，專業英文文獻的專業詞語用詞量、單詞詞性和句型結構的特點將會對學生的閱讀造成比較明顯的影響，因此學生應對專業英文文獻有初步的瞭解，掌握其主要特點，在閱讀時掌握正確的閱讀方法，從而提高自己的學習效率。

　　此外，專業英文文獻閱讀的能力培養是一個長期的過程，而大學生的英文文獻閱讀能力和英文文獻寫作能力是兩項重要的技能。希望當代大學生重視起英文專業文獻的閱讀，這不僅是提高自己的學習能力，也是當代青年與世界接軌的一種方式。

第七章 語料庫基本工具介紹

第一節 WordSmith Tools 6.0 簡介

一、關於 WordSmith

WordSmith Tools 是一個在 Windows 下運行的用來觀測文字在文本中的表現的功能強大的綜合軟件包。它共包含 Concord（語境共現檢索工具）、WordList（詞頻列表檢索工具）、KeyWords（關鍵詞檢索工具）、Splitter（文本分割工具）、Text Converter（文本替換工具）、Viewer（文本瀏覽工具）等六個程序，其中前面三個程序是主要的文本檢索工具，後面三個程序屬於輔助性工具。

二、主要功能

主界面

WordSmith 打開後主界面如圖 7-1 所示，上面用線圈出的部分是其主要的三個功能按鍵。三個按鍵下面的選項是一些關於軟件的具體設置。

图 7-1　基本界面

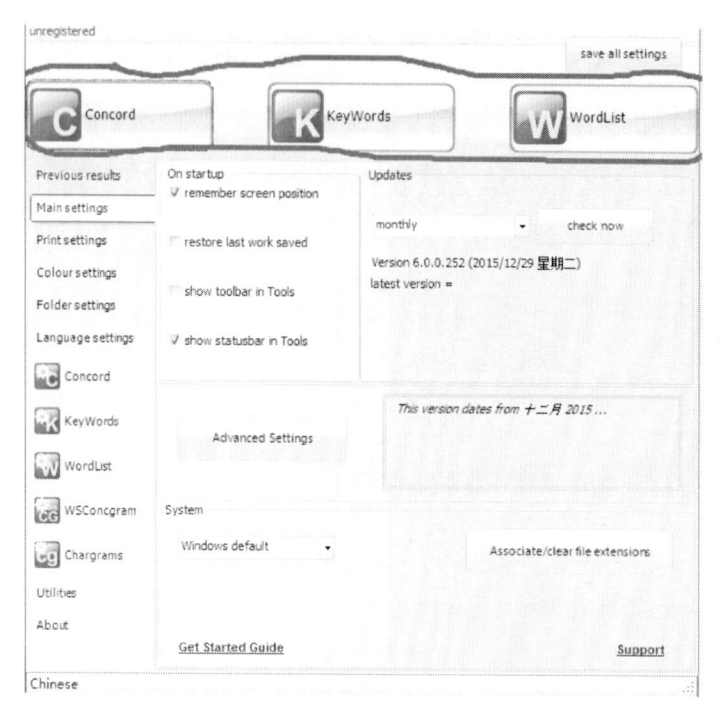

1. Concord（語境共現檢索工具）

這個功能主要是用來查詢某個詞出現的語境，具體操作如下：

（1）點擊 Concord 按鍵，出現如圖 7-2 所示的界面。

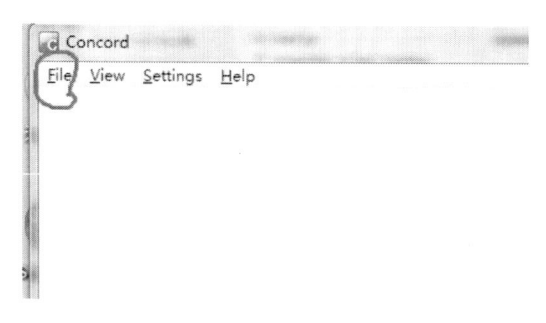

图 7-2　基本選單功能

（2）然後點擊 File，出現如圖 7-3 所示的內容。裡面有 New 和 Open 兩個按鈕，如果想打開上次保存的 Concord 文件就選擇 Open，想新建一個文件則點擊 New。

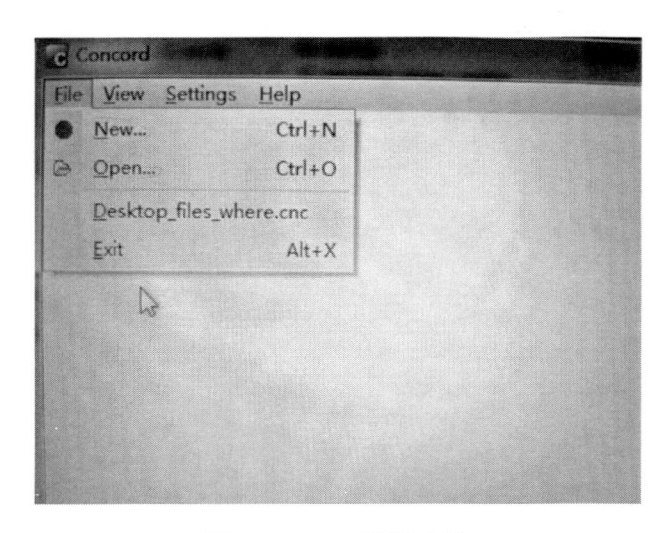

圖 7-3　File 選單功能

（3）點擊 New 後，我們會看到一個如圖 7-4 所示的界面。這裡我們需要選擇文件。

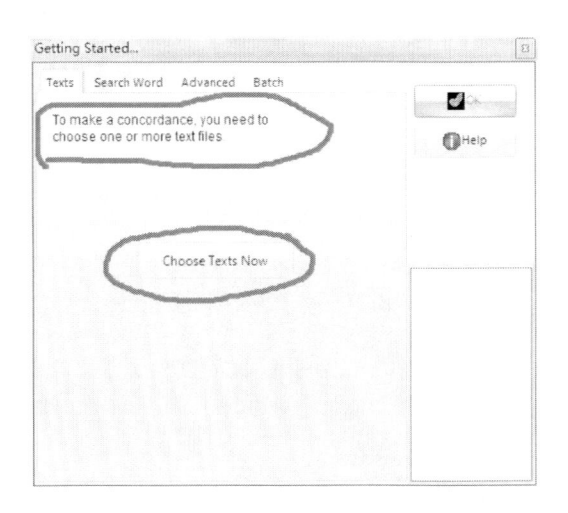

圖 7-4　New 基本窗口展示

第七章　語料庫基本工具介紹

下面以新建好的兩個 txt 文件做示範。兩個文件的內容如下：

Where are you where yes

Where is he yes

（4）點擊 Choose Texts Now，在圖 7-5 中被圈出的地方選擇瀏覽文件，並選擇桌面，在出現的桌面文件中找到新建的 txt 文件。

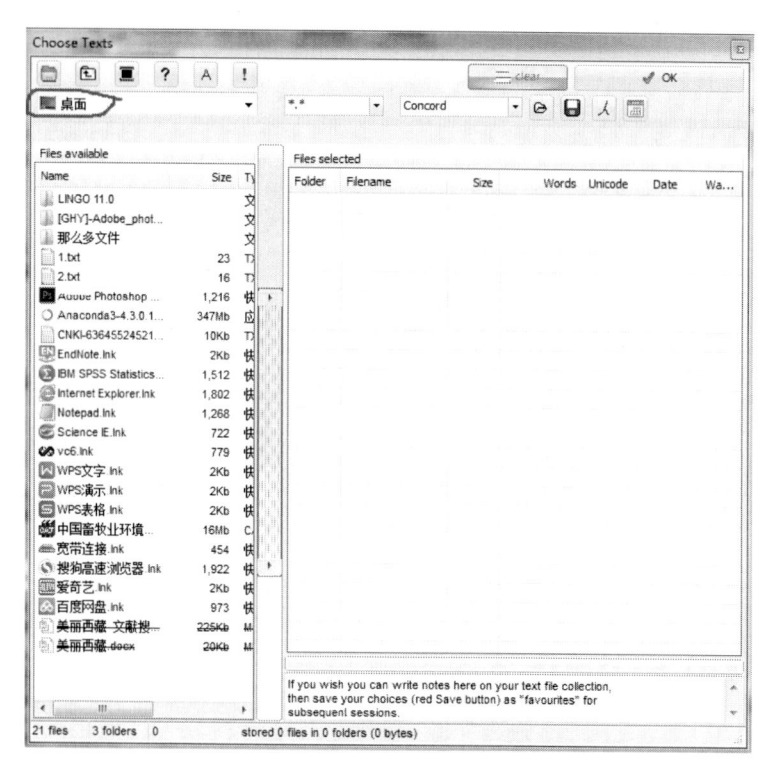

圖 7-5　先選擇 txt 文件

（5）將這兩個 txt 文件選中後拖到右側，然後點擊 OK，如圖 7-6 所示。

图 7-6　導入文件

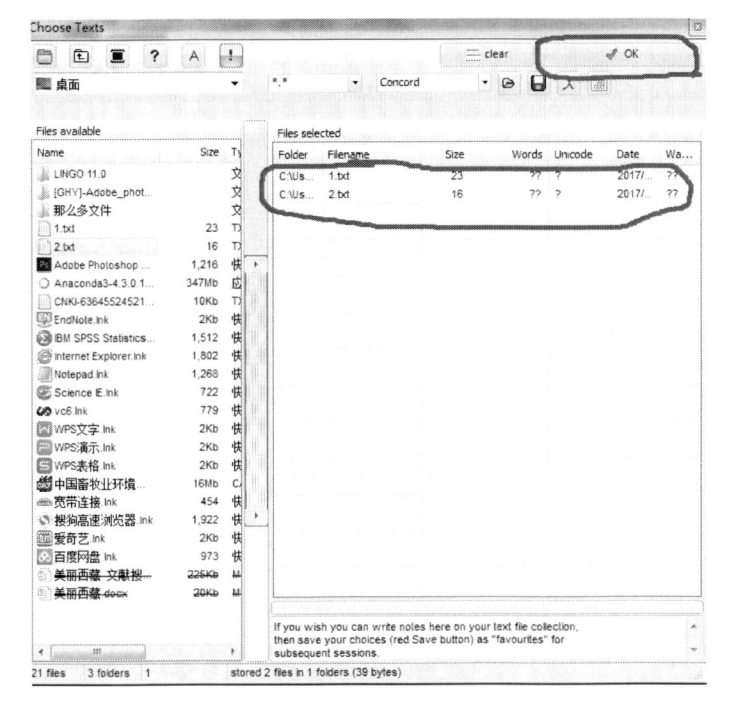

（6）完成上述操作後出現如圖 7-7 所示的操作界面。

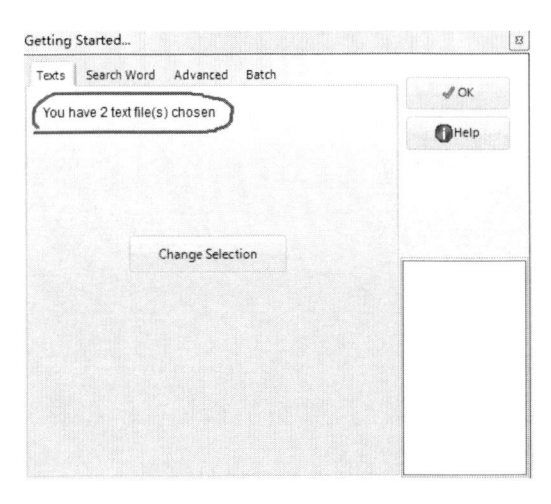

圖 7-7　導入結果

然後進行下一步，選擇要檢索的詞。在這我們檢索「where」，在檢索處輸入。界面最下面的區域內列舉了幾個例子。然後點擊右側 OK 鍵。

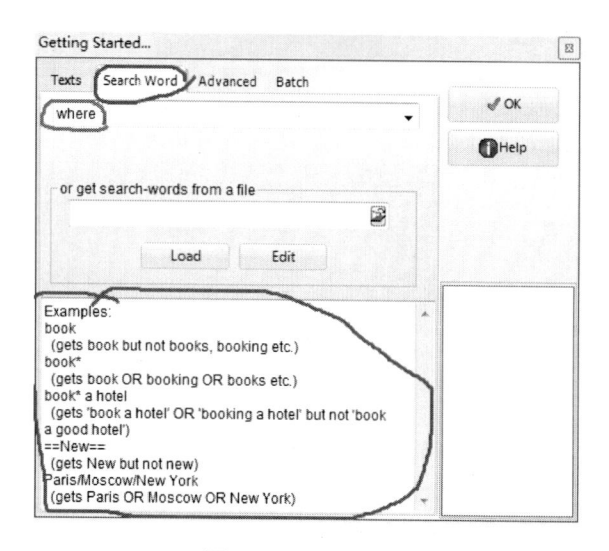

圖 7-8　查詢結果

（7）完成上述步驟後，我們可以看到 where 出現的語境，以及其他細節，如圖 7-9 所示。

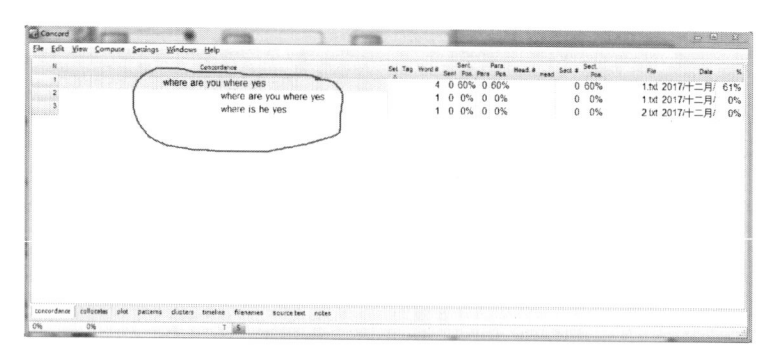

圖 7-9　查詢結果展示

雙擊某個語境，可以查看源文件，如圖 7-10 所示。

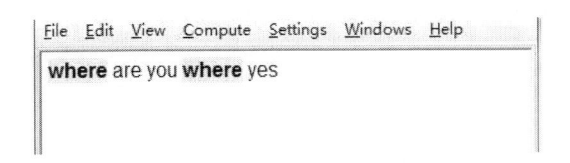

圖 7-10　原文件關聯

（8）最後點擊 File 中的 save 保存結果。

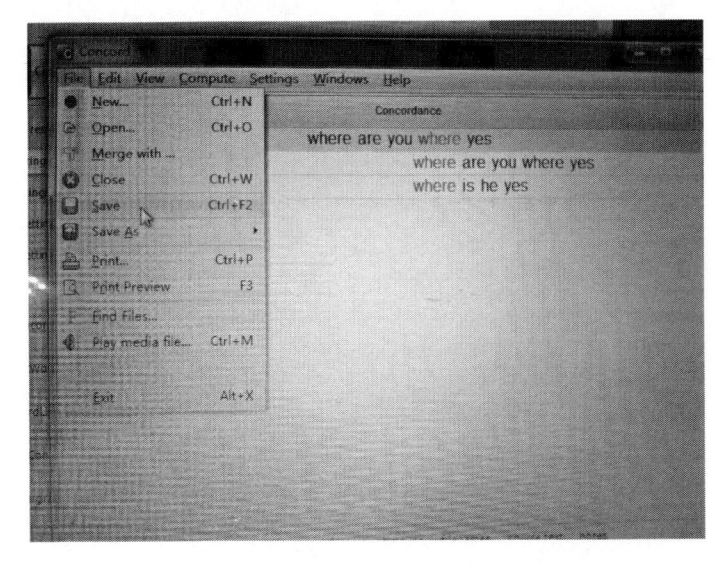

圖 7-11　結果保存

2. Word List（詞頻列表檢索工具）

這個功能用來查詢文件中的每個單詞出現的次數。

（1）點擊 Word List 後選擇 File 中的 New，如圖 7-12 所示。

第七章　語料庫基本工具介紹　101

圖 7-12　新建功能

（2）完成上述步驟，出現如圖 7-13 所示的界面。點擊 Choose Texts Now 按鈕。

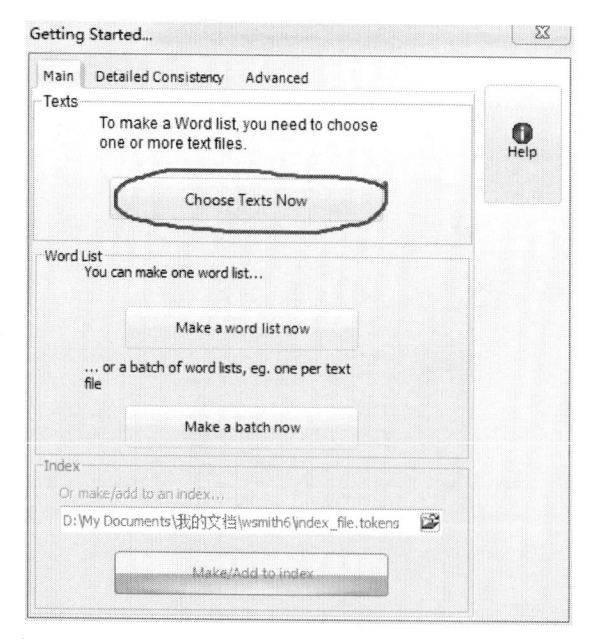

圖 7-13　選擇文件

同樣地，選中兩個 txt 文件並將其拖到右側，然後點擊右上角的 OK 按鈕（見圖 7-14）。

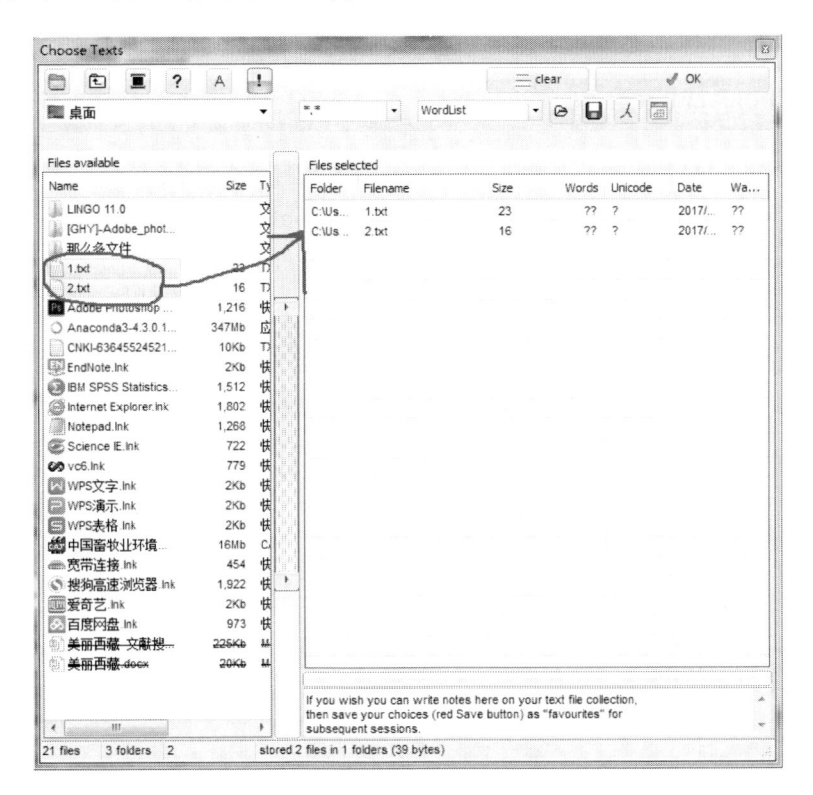

圖 7-14　導入文件

（3）然後又返回上一個界面，如圖 7-15 所示。如果要為所有文件建立同一個 word list，點擊 Make a word list now 按鈕；如果要為每個文件都分別建立一個 word list，點擊 Make a batch now 按鈕。

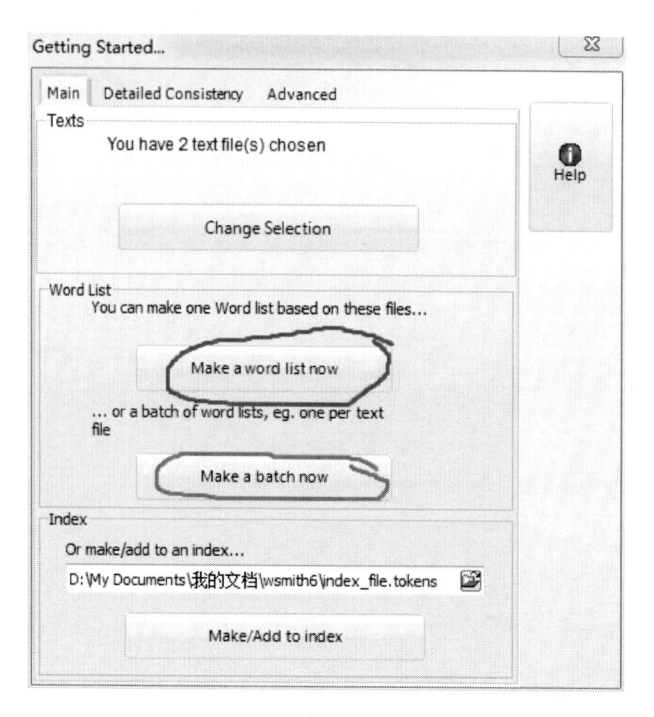

图 7-15　製作 Word list

（4）出現詞頻統計結果，如圖 7-16 所示。

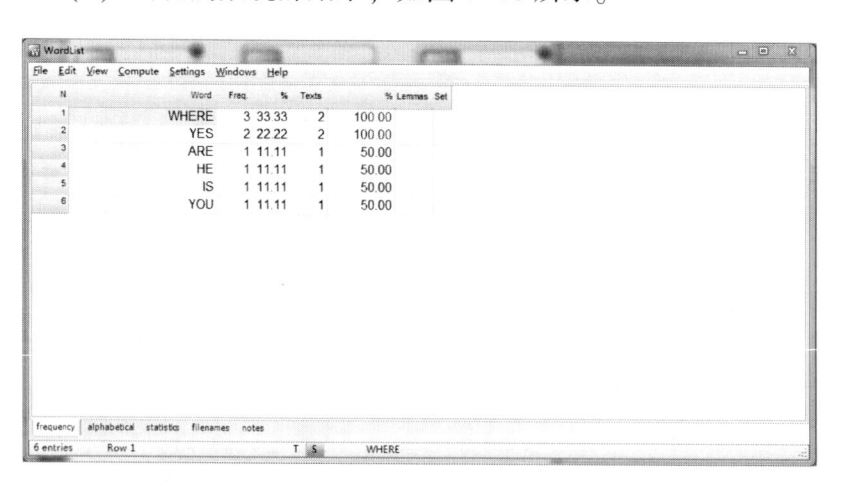

图 7-16　詞頻統計

（5）點擊圖 7-17 下方的 statistics 查看更具體的內容，具體結果如圖 7-18 所示。

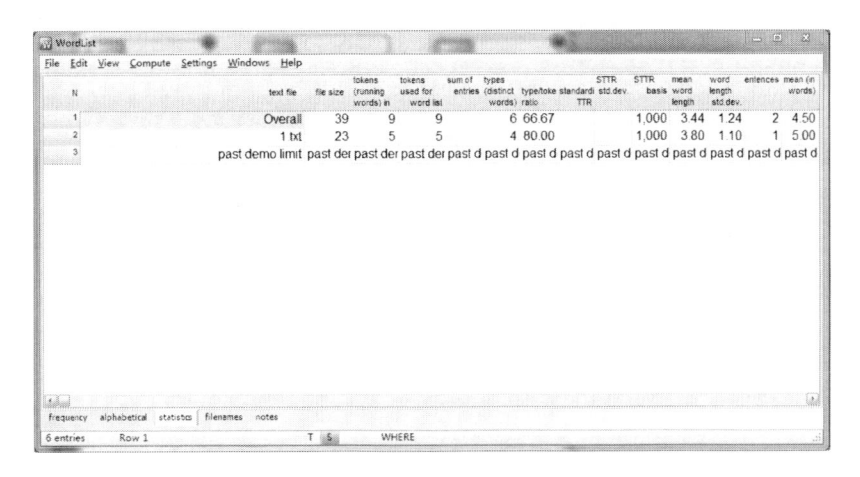

圖 7-17　詞頻統計結果展示

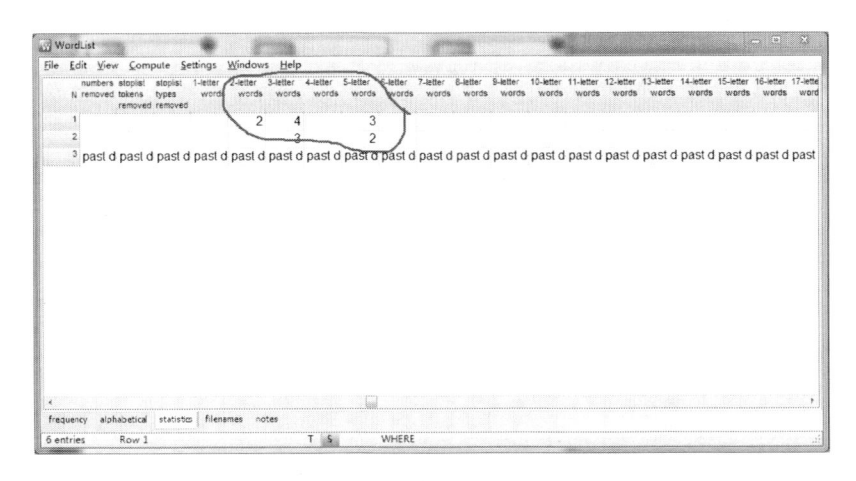

圖 7-18　具體結果展示

（6）保存文件，點擊 File 中的 Save。

3. Keywords（關鍵詞檢索工具）

關鍵詞檢索是與某個參考語料比較出現頻率很高的詞。

（1）點擊 Keyword，出現如圖 7-19 所示的界面。其中，第

一處畫線部分是讓操作者選擇單詞列表文件。注意，這個單詞列表文件必須是由 Wordsmith 工具製作並保存的單詞列表，即我們在使用 wordlist 時保存的文件。第二處畫線部分的要求是選擇一個參考的語料文件（也得是 wordlist 文件）。

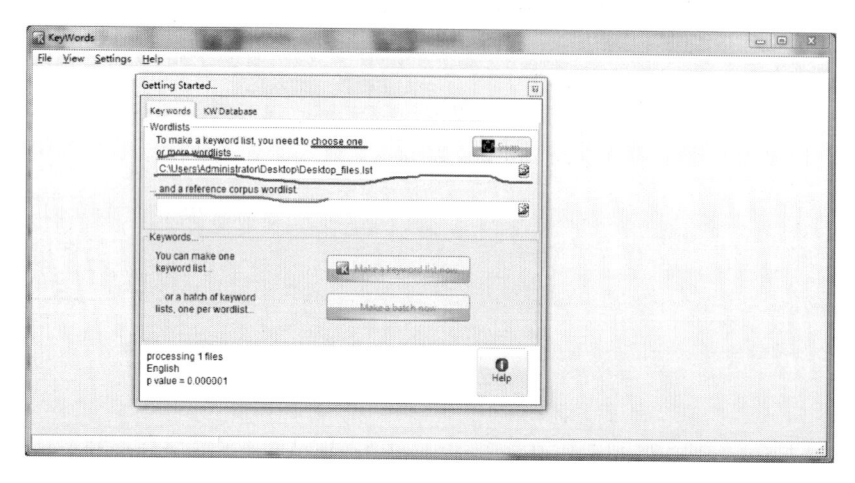

圖 7-19　文件選擇

（2）完成後，點擊「Make a keyword list now」，出現如圖 7-20 所顯示的內容。

圖 7-20　關鍵詞列表

第二節　PowerGREP 5 簡介

一、軟件簡介

PowerGREP 5 是一個功能強大的正則表達式應用軟件，該軟件可以實現查找信息、更新或轉換文件、提取信息和統計信息等豐富的功能操作。圖 7-21 是 PowerGREP 5 的界面展示。

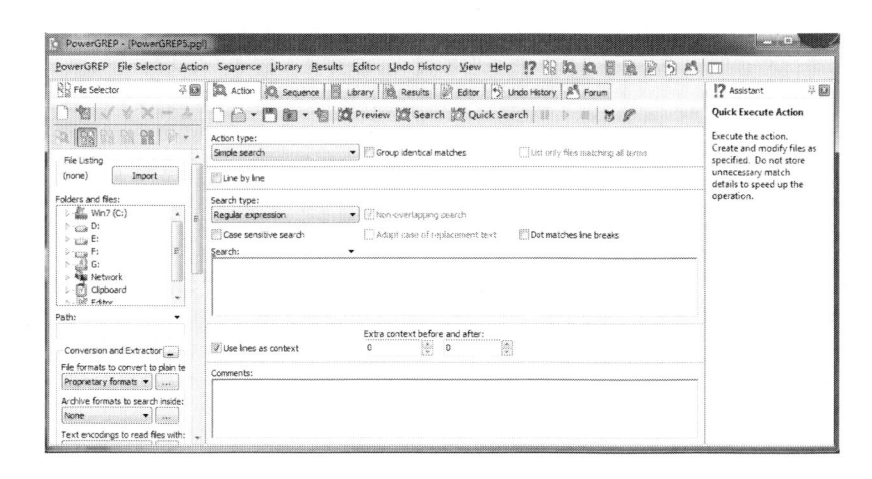

圖 7-21　PowerGREP 5 界面展示

該軟件主要功能如下：

1. 查找文件和信息

該功能可以快速搜索計算機或網絡上的文件、文件夾和文檔，或者查詢單詞、句子和二進制數據。

2. 編輯和替代文件

在該功能下，用戶不用打開文件就可以實現搜索和簡單替

換文件，並且可以使用正則表達式進行文件的複雜替換。

3. 提取、搜集信息及統計數據

軟件可以搜集統計數據，並且從文件中提取信息，通過一定的信息對文件進行匹配排序、分組技術等操作以產生信息統計。

4. 拆分、合併和重新排列日志和數據集

PowerGREP 5 可以實現大文件分割成小文件、小文件組合成大文件的操作，也可以重新排列日志和數據集使其易於使用。

5. 重命名、複製、移動、壓縮及解壓文件盒和文件夾

通過搜索和替換文件和文件夾名來實現以上操作。

二、操作簡介

用戶可以通過 PowerGREP 實現搜索、替換文件、統計信息等多種功能。下面我們將介紹 PowerGREP 5 的最常用的功能。

1. 文件信息檢索

信息檢索是語料庫研究中最常見的手段之一。利用 PowerGREP 5 進行檢索的方法主要為文本檢索和正則表達式檢索，前者比較直觀、易學，但功能比較單一，可用於一些簡單的檢索；而後者的掌握需要一定時間的學習，但功能強大，可用於大型的檢索。本書只介紹基本的文件檢索，讀者若有興趣可自行學習正則表達式檢索。

（1）在進行文件檢索之前，用戶首先需要在文件與文件夾欄中選定檢索內容所在的文件（如圖 7-22 所示）。

圖 7-22　選擇文件

　　（2）在轉換和提取欄（conversion and extraction）中（如圖 7-23 所示），可以自行定義被檢索文件中的具體內容。文件內檢索（archive formats to search inside）欄中選擇文件內需要檢索的文檔類型，可以只檢索 ZPI 文件（ZPI archives only），也可選擇所有文件類型（All archives），即檢索該文件夾中所包含的所有文件類型。

　　（3）選擇主界面（圖 7-24）中的動作標籤（Action），在定義操作類型（Action type）欄的下拉菜單中選擇顯示搜索匹配（Display search matches），並在定義搜索類型（Search type）欄的下拉菜單中選擇普通文本（Literal text）或正則表達式（Regular expression）。

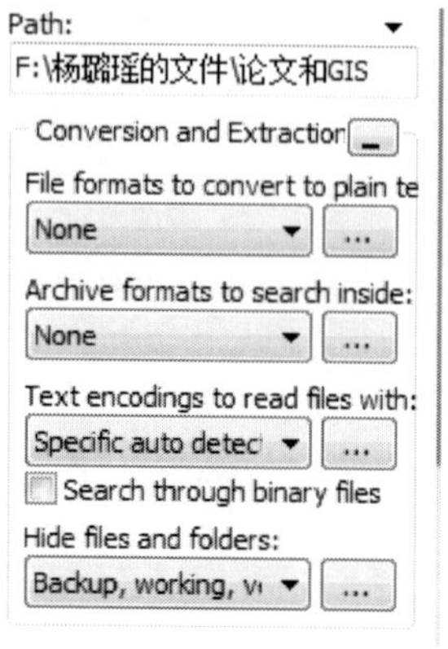

图 7-23 檢索類型選擇

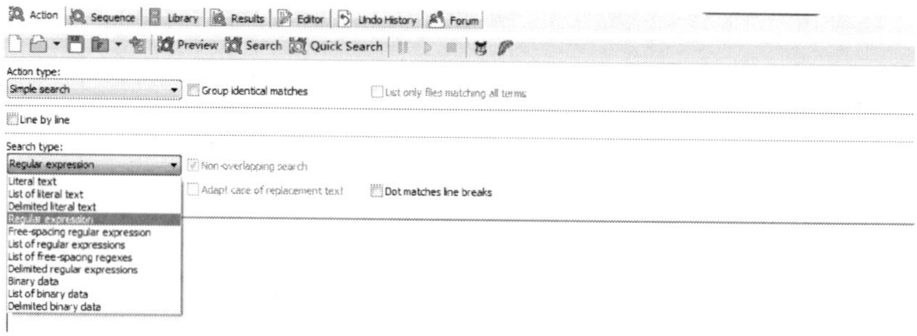

图 7-24 確定搜索類型

　　PowerGREP 5 搜索類型默認為正則表達式，如果搜索詞為普通檢索詞，軟件會自動識別，不影響搜索結果。不同的操作類型和文本類型會顯示不同的選項供人們選擇，如區別大小寫（Case sensitivity search）、大小寫自適應（Adapt case of replacement text）等。

　　（4）在搜索框中輸入檢索詞或正則表達式，點擊搜索（Search）即可完成檢索，或者點擊預覽（Preview）查看檢索結果（如圖 7-25、圖 7-26 所示）。

圖 7-25　點擊搜索

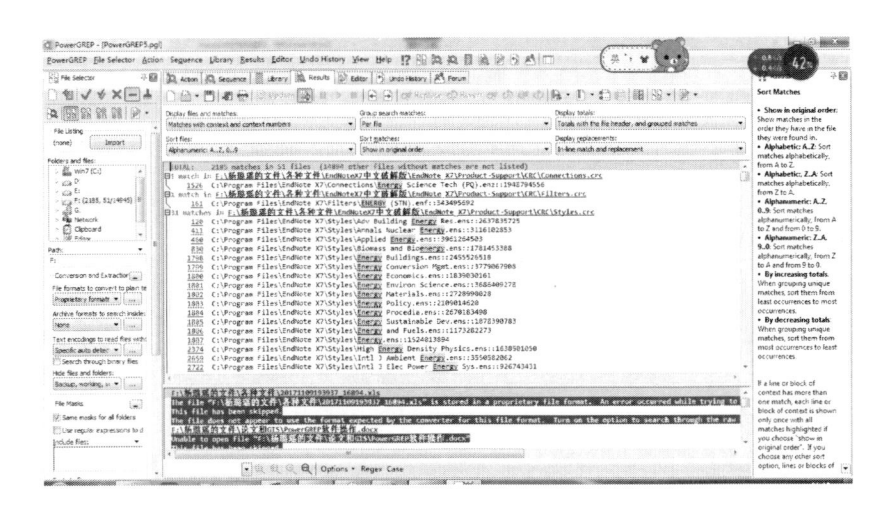

圖 7-26　結果展示

2. 編輯與替換

在進行語料分析時，研究者們有時需要對語料庫中的語料重新進行加工，如刪除、替換或添加標註等。使用 PowerGREP 5 的編輯與替換功能可以批量完成這些任務。

第七章　語料庫基本工具介紹 111

在定義操作類型欄的下拉菜單中選擇搜索與替換（Search and replace），並在定義搜索類型欄的下拉菜單中選擇普通文本（literate text）或正則表達式（regular expression），然後在搜索框與替換框上分別輸入被替換詞與替換詞，點擊替換按鈕即可完成文本信息的替換（如圖7-27所示）。

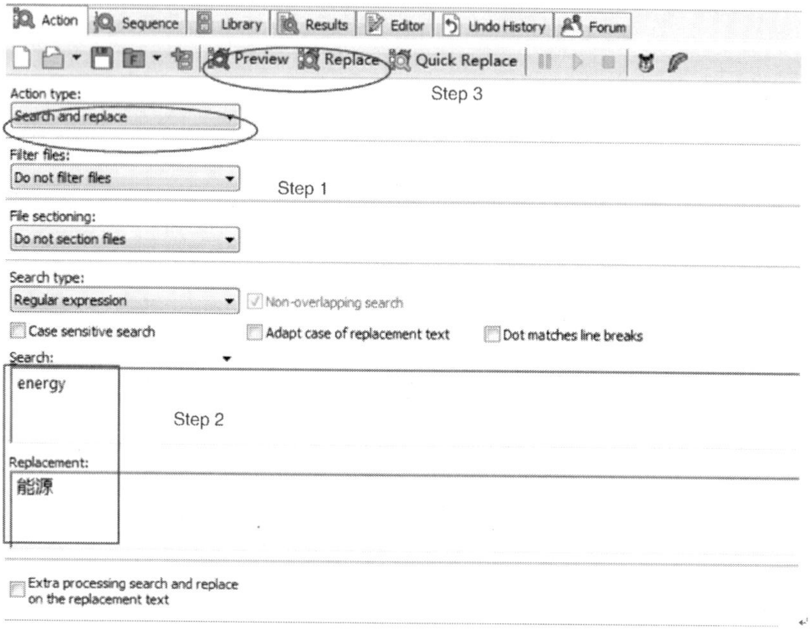

圖7-27　替換展示

3. 數據採集

採集功能是PowerGREP 5的特色功能之一，它的用途是將所有匹配檢索詞所在的句子保存為一個或多個文件，方便研究者根據自己的研究目的或需求對語料進行重新賦碼。

在定義操作類型欄的下拉菜單中選擇採集數據（Collect data），並在定義搜索類型欄的下拉菜單中選擇普通文本或正則

表達式。然後，在文件區域（File sectioning）的下拉菜單中選擇逐行（Line by line），並勾選採集或替換所有匹配區域（Collect/Replace whole sections），這麼做的目的是保證採集結束後所有的匹配結果將以逐行的形式提取並保存為一個文件（如圖7-28所示）。最後在檢索框輸入檢索詞並點擊採集（Collect），完成數據的採集工作（如圖7-29所示）。

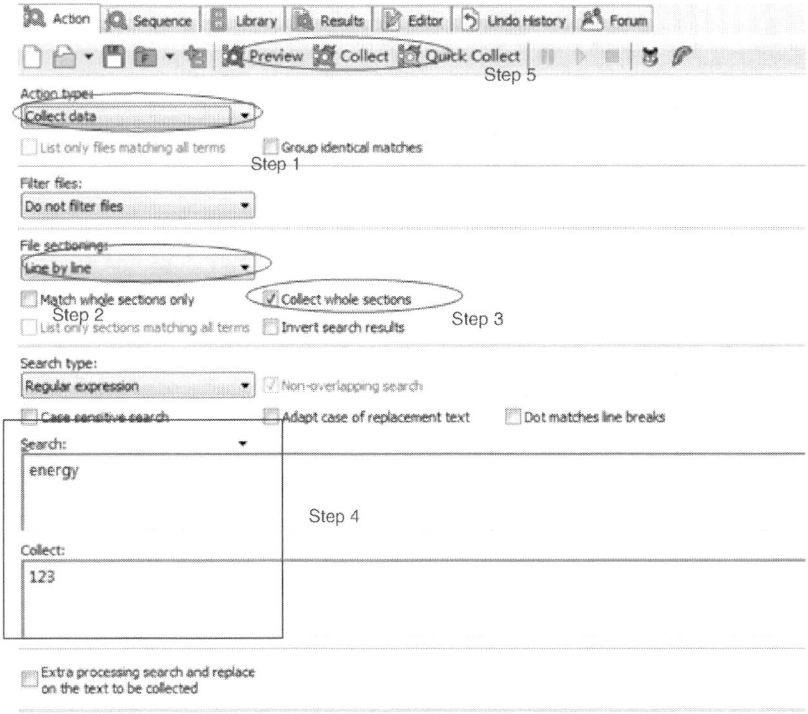

圖 7-28　採集數據

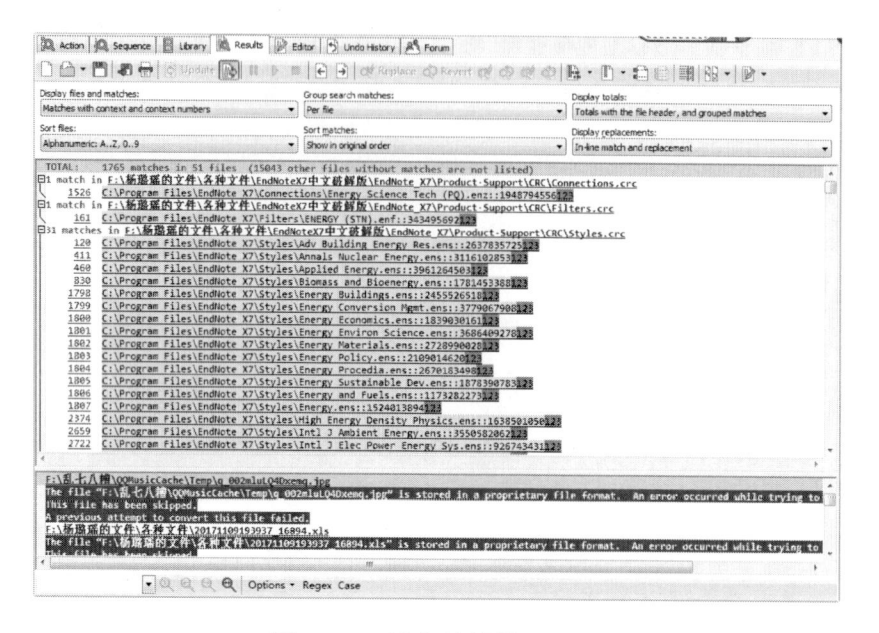

圖 7-29　採集數據結果展示

4. 正則表達式簡介

正則表達式是用特定模式去匹配一類字符串的公式。正則表達式通常被用來檢索、替換那些符合某個模式（規則）的文本。在 PowerGREP 5 中，如果我們檢索灰色（英文為 gray 或 grey），一般文本檢索需要兩次。而利用正則表達式，只需要在搜索框中輸入 gr[ae]y 就可以了。其中的方括號就是一個正則表達式，表示匹配方括號中 a 和 e 任意一個字符。PowerGREP 5 能夠通過正則表達式展示出強大而全面的功能，但在這裡我們不作過多贅述。

讀者可以登錄 http://www.powergrep.com/ 查看更為詳細的 PowerGREP 5 功能介紹。

第三節　PatCount 1.0 簡介

一、PatCount 1.0 版本的簡介[57]

如圖 7-30 所示，PatCount 1.0 的主界面分為上窗口和下窗口。上窗口用於編輯或讀入各種由用戶自定義的詞彙、短語或正則表達式文件（該軟件的基本模式文件是 Pat.file）；下窗口是數據呈現窗口，數據分析的結果一般是以矩陣的形式呈現。PatCount 1.0 軟件的核心程序是由 perl 語言匯編而成的，全面支持正則表達式。

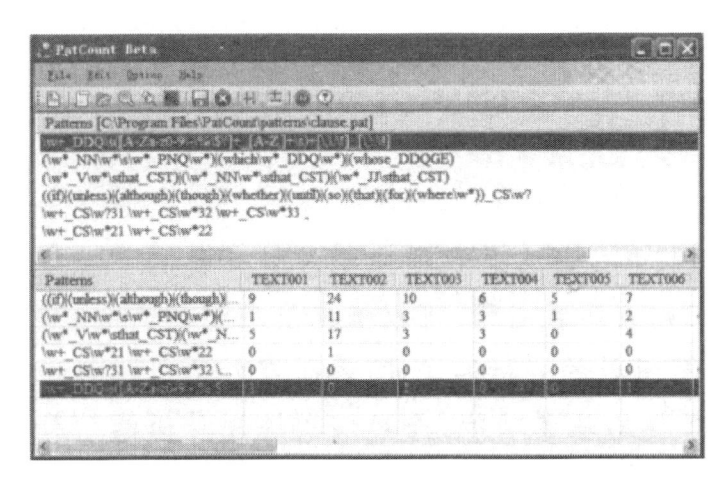

圖 7-30　主界面

二、PatCount 1.0 版本的基本使用步驟

（1）打開 PatCount 1.0 版本的界面，如圖 7-31 所示。

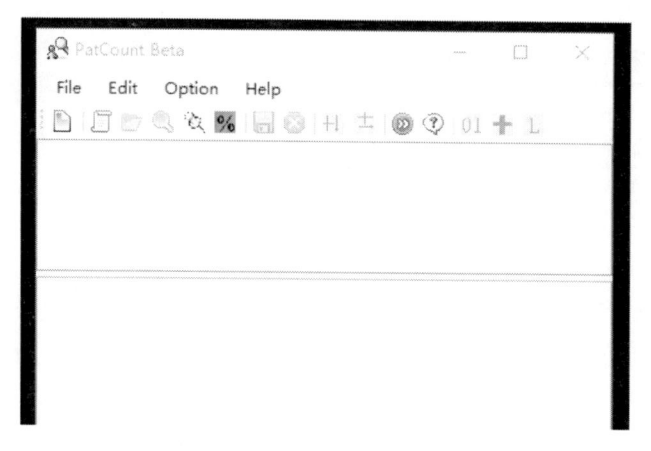

圖 7-31　基本選單

（2）打開模板為 pat.file 的文件（如果沒有 pat 文件，需要用 PhotoShop 軟件或者 CAD 軟件把 word 或者 excel 轉化為 pat 文件），輸入所求序列的正則表達式，保存為模式文件後再運行 PatCount 1.0。

（3）把所求的結果導入 SPSS 軟件或者 Excel 軟件中，運用統計知識進行分析。

三、PatCount 軟件的設定

1. 本義字符串和正則表達式

PatCount 1.0 的默認形式是正則表達式，如果需要 PatCount 讀入只包含本義字符串的模式文件，那麼在引入模式文件後需要點擊「option」菜單，選擇「literal」或者點擊「L」圖標即可。

2. 統計型符數和類型符數

只需要點擊「edit」中的「transformation」就可以把輸入的詞彙、短語等轉化為 0 或 1 進行次數的統計了。

3. 矩陣的轉置功能

用戶在完成分析後，只需要點擊「transpose」按鈕，分析結果就會被轉置存入剪貼板，打開 SPSS 軟件或者 Excel 軟件後，將剪切內容粘貼到相應的軟件上即可。

第四節　TreeTagger 簡介

一、TreeTagger 操作簡介

TreeTagger 是一個文本註釋工具，用於註釋文本的部分語音和引理信息，同時能夠自動斷句、進行詞性標註和詞形還原。例如，自動斷句能夠把每個句子單獨列成一行，這樣有利於以句子為單位進行搜索與統計；把句子中的詞彙按名詞、形容詞進行標註；詞形還原則是分析出文本中單詞的詞性和詞語原型（時態變換、單復數變換）。在信息檢索和文本挖掘中，需要對一個詞的不同形態進行歸並，即詞形規範化，從而提高文本處理的效率。例如，詞根 run 有不同的形式 running、ran，還有名詞 runner。這裡涉及兩個概念：①詞形變化，把一個任何形式的語言詞彙還原為一般形式，比如 cats→cat, did→do；②詞干提取，去除詞綴得到詞根的過程，比如 fisher→fish, effective→effect。

該軟件是為了給程序員進一步編程提供方便，並非讓不會編程的人直接使用，可將其視為 middleware（中間件）。因此需要在 TreeTagger 規範化過程中設置基本參數，構建基本腳本。腳本能夠解析輸入文本，並將其格式化為可由 TreeTagger 使用的格式。所有新格式化的文件將被放置在新創建的目錄中。腳本將

繼續生成一個辭典，訓練標記器，並生成一個參數文件。由此重新訓練和標記非標準語料庫。

這種規範化的示例如圖 7-32 所示。

==
List/VB
[the/DT flights/NNS] from/IN
. /.
==

圖 7-32　規範化示例

　　句子由等號字符串分隔，令牌用正斜杠標記，每行可以有多個令牌。括號被刪除等一系列轉變，形成 TreeTagger 認可的格式。如果想調整處理其他格式，則需要重新編輯格式功能，比如手動調整一些元素，定義一個可用於未知令牌的標籤列表等。如果在訓練數據中不存在已定義好的標記，TreeTagger 將會中斷。導致中斷的原因還可能是由於某個詞彙沒有被完全解析，不能建立辭典。

　　由於 TreeTagger 的核心是採用二元決策樹估計轉移概率的思路。構建決策樹的初始階段是在訓練階段進行的。因此，訓練標記器非常重要。同時，由於 TreeTagger 的準確性取決於輸入和訓練的數據及不同語料庫的相關訓練結果，因此，如果有人要最大限度地提高準確性，輸入重新格式化功能的其他細節是非常必要的。

　　下面以一個簡單的例子介紹該軟件的基本功能，以「Tom has left Beijing for about 100 days」為例（見圖 7-33）。

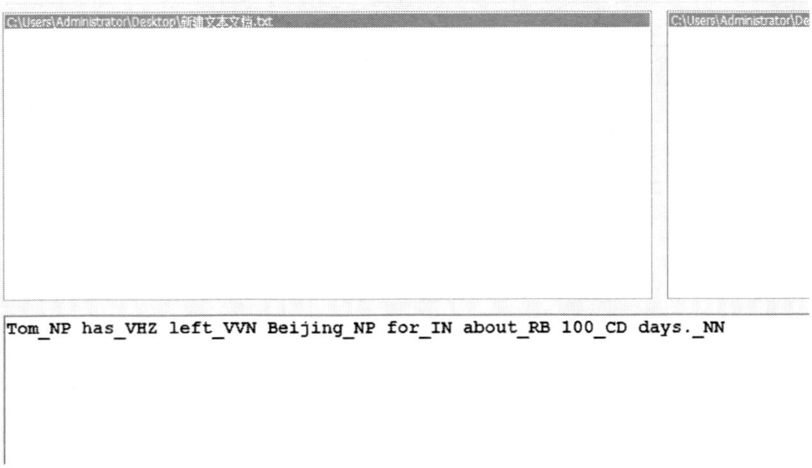

```
Tom_NP has_VHZ left_VVN Beijing_NP for_IN about_RB 100_CD days._NN
```

圖 7-33　規範化示例

解析結果如表 7-1 所示。

表 7-1　　　　　　　　解析結果

單詞	附碼值(詞性)	全稱	解釋
TOM	NP	Proper noun	專有名詞
has	VHZ	Present tense (3rd person singular) of HAVE verb (has)	有動詞(有)的現在時(第三人稱單數)
left	VVN	Past participle of lexical verb (lived, shown)	詞法動詞的過去分詞(生活，顯示)
Beijing	NP	Proper noun, singular	專有名詞，單數
for	IN	Preposition or subordinating conjunction	介詞或從屬連詞
about	RB	Adverb	副詞
100	CD	Cardinal number	基數
days	NN	Commonnoun, singular or mass	普通名詞，單數或質量

後面兩列查賦碼集表可得（見表7-2）。

表7-2　　　　　　　TreeTagger 賦碼集

CC	Coordinating conjunction
CD	Cardinal number
DT	Article and eterminer
EX	Existential there
FW	Foreign word
IN	Preposition or subordinating conjunction
JJ	Adjective
JJR	Comparative adjective
JJS	Superlative adjective
LS	List item marker
MD	Modal verb
NN	Common noun, singular or mass
NNS	Common noun, plural
NP	Proper noun, singular
NPS	Proper noun, plural
PDT	Predeterminer
POS	Possessive ending
PP	Personal pronoun
PP$	Possessive pronoun
RB	Adverb
RBR	Comparative adverb
RBS	Sup erlative adverb
RP	Particle
SYM	Symbol
TO	to

表7-2(續)

UH	Exclamation or interjection
VB	BE verb, base form (be)
VBD	Past tense verb of BE (was, were)
VBG	Gerund or present participle of BE verb (being)
VBN	Past participle of BE verb (been)
VBP	Present tense (other than 3rd person singular) of BE verb (am, are)
VBZ	Present tense (3rd person singular) of BE verb (is)
VD	DO verb, base form (do)
VDD	Past tense verb of DO (did)
VDG	Gerund or present participle of DO verb (doing)
VDN	Past participle of DO verb (done)
VDP	Present tense (other than 3rd person singular) of DO verb (do)
VDZ	Present tense (3rd person singular) of DO verb (does)
VH	HAVE verb, base form (have)
VHD	Past tense verb of HAVE (had)
VHG	Gerund or present participle of HAVE verb (having)
VHN	Past participle of HAVE verb (had)
VHP	Present tense (other than 3rd person singular) of HAVE verb (have)
VHZ	Present tense (3rd person singular) of HAVE verb (has)
VV	Lexical verb, base form (e.g. live)
VVD	Past tense verb of lexical verb (e.g. lived)
VVG	Gerund or present participle of lexical verb (living)
VVN	Past participle of lexical verb (lived, shown)
VVP	Present tense (other than 3rd person singular) of lexical verb (live)

表7-2(續)

VVZ	Present tense (3rd person singular) of lexical verb (lives)
WDT	Wh-determiner
WP	Wh-pronoun
WP $	Possessive wh-pronoun
WRB	Wh-adverb

二、樣例操作步驟

(1) 文本轉化為記事本的格式，如圖7-34所示。

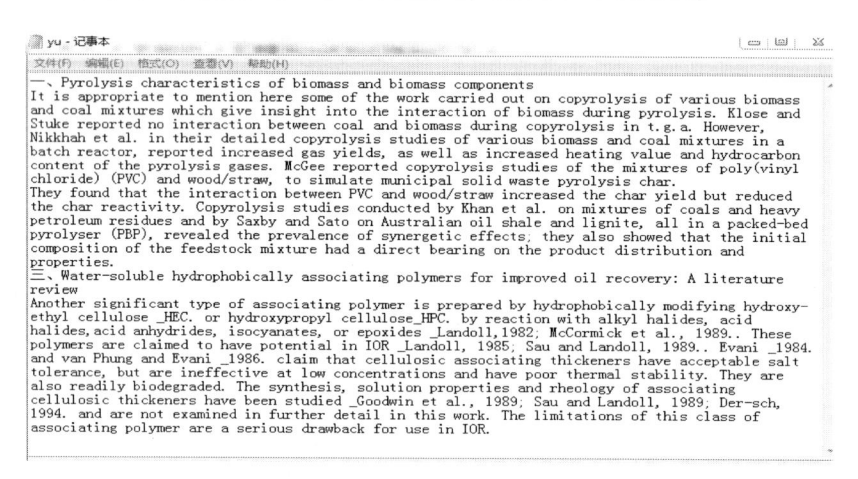

圖7-34　格式轉換

(2) 打開軟件，選擇語言，如圖7-35所示。

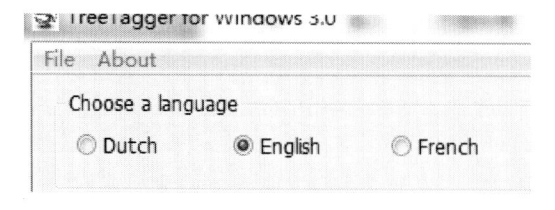

圖7-35　選擇語言

（3）點擊「File」，選擇「Open files」，選擇需要打開的文檔，如圖 7-36 所示。圖 7-37 是打開文檔後的展示圖。

圖 7-36　選擇文檔

圖 7-37　文檔展示

（4）選擇文檔後，點擊「Run tagger」。規範化結果如圖 7-38 所示。

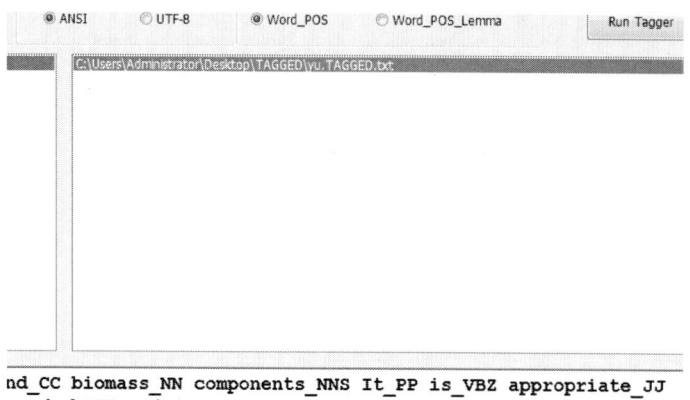

圖 7-38　規範化結果

第八章　文獻段落示例

例 8-1

Petroleum released into the environment is subject to a range of chemical, physical, and biological processes, together known as weathering, that change its composition. Light molecules evaporate, and some molecules are washed out by dissolution. Photochemistry can also alter the composition of aspilled oil, but biodegradation is the major pathway of degradation. These changes make the unambiguous identification of the source of an oil something of a challenge[45].

例 8-2

In view of the above findings, it may be worthwhile to examine whether or not free magnetic energy in an active sunspot region is readily available and used for solar flares. In one case at least, Tanaka (1980) showed that the magnetic energy in an active region continued to increase during the period in which a series of solar flares occurred. In a simple unloading case, one would expect that the free magnetic energy decreases progressively as a series of solar flares occurs or that it increases prior to each flare on set and is consumed during each flare. A simple system which manifests itself in a way similar to Tanaka's example is a circuit which consists of a dynamo, a coil and a lamp; when the dynamo power is increased, the light output and the magnetic energy in the coil increase together. In the magnetosphere, the magnetic energy in the magnetotail often increases significantly during an early epoch of substorms. A solar flare may be more appropriately represented by replacing the lamp with a discharge tube which undergoes intermittent current interruption as the dynamo power increases[46].

例 8-3

One can not say categorically that a catastrophic failure of a large PWR or a BWR and its containment is impossible. The most elaborate measures are taken to make the probability of such occurrence extremely small. One of the prime jobs of the nuclear community is to consider all events that could lead to accident, and by proper design to keep reducing their probability however small it may be. On the other hand, there is some danger that in mentioning the matter one's remarks may be misinterpreted as implying that the event is likely to occur[47].

例 8-4

In order to start up remediation/mitigation operations, information on the structure of the compounds responsible for the deposition became important. Statoil and ConocoPhillips were in lead of the analytical work resulting in an almost complete clarification of the molecular structure of the C80 molecule. The analytical work comprisedcollection of deposits, processing of the deposits and finally isolation using the Acid-IER (Ion Exchange Resin) method. Structural elements were determined by means of 13C NMR, Liquid Chromatography-Mass Spectrometry (LC-MS). Also VPO (Vapor Phase Osmometry) and Gas Chromatography were used in the characterization work. The final molecular weight was determined by a home built 9.4 T FT-ICR Mass Spectrometer at National High Magnetic Field Laboratory of Florida State University (USA).

The extensive work by Statoil and ConocoPhillips was almost complete with regard to molecular structure. Utilizing updated and more modern NMR technology 1D and 2D (COSY, ROESY⋯) and 3D HSQCTOCSY it was possible to resolve a final structure for the ARN family. Fig. 3 presents the structure of the most abundant member of the ARN family. This molecule C80H142O8 has 80 carbon atoms, 4 carboxylic acid functions and 6 cyclopentyl rings. The other isomers of the ARN family differ by the number of cyclopentyl rings: 4 (C80H146O8), 5 (C80H144O8), 7 (C80H140O8) and 8 (C80H138O8). Derivatives containing 81 and 82 carbon atoms were also detected. The relative abundance of the isomers depends on the origin of the oil in which ARN samples were extracted. More anecdotic, an ester of C80-TA was recently detected in one North Sea oil field pipeline, but it could be the result of esterification of C80-TA with production chemicals.

The structure presented in Fig. 3 has led Lutnaes et al. to suggest that ARN was synthesized by Archaea micro-organisms. The difference of relative abundance of the isomers with the origin of the oil could therefore be related to growth of the Archaea from which the acids are thought to originate at different average temperature.[48]

例 8-5

The efficiency of solar power technologies has increased greatly in recent years and has been accompanied by a progressively steady decline in costs, which are projected to drop even further. For instance, the total cost of a PV module has been reduced from USD 1.30 per watt (in 2011) to USD 0.50 per watt (in 2014) (ca. 60% cost reduction). As the solar markets mature and more companies take advantage of the solar economy, the availability and afford ability of solar power will grow at an impressive pace. Although solar power systems require an upfront investment for their installation, they otherwise operate at very low costs. Unlike the price of fossil fuels, which are prone to substantial price swings, the financial demand for solar power is relatively stable over long periods. Moreover, there are no (mechanically) moving parts in solar panels, making them free of noise pollution and durable (no wear and tear), with very little in the way of required maintenance. Moreover, solar panels can be easily installed on roof tops and mounted onto building walls, meriting their installation flexibility. Furthermore, solar power systems are less prone to large-scale failure because they are distributed and composed of numerous individual solar arrays. Therefore, if any section of arrays were found to be faulty, the rest could continue to operate. However, additional solar modules could also be added over time to improve the energy generation capacity. These notions reveal huge advantages in the ruggedness and flexibility of solar power systems over all other energy sources that have already been established[49].

例 8-6

Bio-energy through pyrolysis in combination with biochar sequestration holds promise for obtaining energy and improving the environment in multiple ways. The technology has the potential to be carbon negative, which means that, for every unit of energy produced or possibly even consumed, greenhouse gases would be removed from the atmosphere. This could be the beginning of a biochar revolution that is not only restricted to a bio-energy combination, but applicable to a range of different land-use systems (Lehmann et al., 2006). Compared to the limited amount of CO_2 that can be removed from the atmosphere by other land-based sequestration strategies, such as notillage or afforestation (Jackson and Schlesinger, 2004), a biochar sink has the advantage of easy accountability and multiple other environmental benefits. There are, however, possible pitfalls as well as gaps in our understanding of the science of biochar behavior in soil and how different pyrolysis conditions affect biochar ecology in the environment. Pyrolysis is currently being developed with the primary goal of maximizing the quantity and quality of the energy carrier, such as bio-oil or electricity[50].

例 8-7

This section summarizes the information given on primary production of energy cropsin all EU countries. Many crops have been investigated and within each crop, the information has been obtained under a wide range of pedoclimatic conditions. Therefore, overall conclusions on yield level cannot be given and the specific information from each country is presented individually. Often, the information originates from research plots from which detailed information is available. However, the same results will usually not be obtained inpractical farming as the level of crop care is different. Whenever possible, we have described the level at which the information was obtained (e.g., research plots/commercial conditions/irrigated/rain fed). Figure 1 shows an example of how yield level can differ between different framework conditions within the same crop. A wide range of energy crops has been tested in Europe (Table 1). Only the crops that have been tested more intensively are described in this synthesis report. In some cases, traditional agricultural crops have been a dapted for energy use. This is the case for oil seed crops such as rape, sunflower and forgrain crops like Triticale and wheat which can be cornbusted. Mostly, the production of these crops for energy does not differ much from the production for food or fodder. Therefore, this section describes in more detail the state of the art of new crops for energy rather than of traditional agricultural crops, the production of which is quite well known. Whenever specific information on effects from production inputs on fuel quality of traditional agricultural crops has been given, this knowledge is, of course, presented[51].

例 8-8

Zinc/Chlorine Battery

The Zn/Cl_2 battery requires an electrically driven re-circulating pump to transport chlorine between the battery proper and the chlorine hydrate storage area. A problem was encountered in designing a leak-proof shaft seal that would allow the motor to be mounted outside and the pump inside the battery shell, and that could withst and the corrosive effects of chlorine-saturated

Zinc chloride. The solution involved the development of a magnetic coupling that transports torques as high as 60 in. lbs at 2,400 rpm through a low magnetic loss static seal. The viscous drag is kept low by minimizing the surface area of the rotating magnets. The coupling is shown in Fig. 16. The static seal (A), fabricated from

KYNAR, serves as a leak proof separator between the electric drive motor and the magnetically driven pump. The high magnetic intensity required to maximize efficiency is provided by encapsulating permanent magnets of samarium cobalt (B and C) in the rotating iron core assemblies. The driven magnet (C) is protected from the corrosive environment with KYNAR. Teflon O-ring seals (D) are utilized at the static interfacing joints between the drive motor and pump; and special gaskets (E), fabricated out of a fluorocarbon plasticmaterial, seal the motor mount to the battery casing[52].

例 8-9

This article is concerned with processes for the conversion of methane to carbon monoxide and hydrogen. The three reactions that attract industrial interest are: the methane steam reforming reaction, methane partial oxidation with oxygen or airand methane dry reforming with carbon dioxide. The first detailed study of the catalytic reaction between steam and methane was published in 1924. It was subsequently found that many metals including nickel, cobalt, iron and the platinum group metals could catalyse reaction to the rmodynamic equilibrium. Nickel catalysts emerged as the most practical because of their fast turnover rates, long-term stability and cost. The major technical problem for the nickel catalysts is whisker carbon deposition on the catalysts, which can lead to the plugging of the reformer tubes. It was found that carbon deposition could be substantially reduced by the use of an excess of water and a temperature of about 1,073 K. Under these conditions carbon formation is the rmodynamically unfavourable. The unreacted water is separated from the product synthesis gas and recycled. In the 1930's this combination of high equilibrium synthesis gas yield and the ready availability of natural gas resulted in the rapid development of this technology for the industrial conversion of natural gas into synthesis gas. Indeed, the first steam reforming plant was commissioned in the early 30's and many industrial steam reforming plants were subsequently built throughout the world. It is still the most important industrial process for the production of carbon monoxide and hydrogen. However, there are drawbacks to this process. Firstly, superheated steam (in excess) at high temperature, is expensive, secondly the water-gas shift reaction produces significant concentrations of carbon dioxidein the product gas. Thirdly, the Hz-to-CO ratio is higher than the optimum required for the downstream synthesis gas conversion to methanol, acetic acid or hydrocarbons. In the case of Fischer-Tropsch synthesis, high Hz/CO ratios limit the carbon chain growth[53].

例 8-10

Positive or negative energy release rate?

For a crack perpendicular to the poling axis, the apparent energy release rate under small scale yielding in the absence of mechanical stress is

$$J_a = -\frac{\pi a}{2}\left(\varepsilon + \frac{e^2}{M}\right) E_\infty^2$$

and the corresponding local energy release rate is

$$J_c = \frac{\pi e^2 a}{2M}\left(1 + \frac{e^2}{M\varepsilon}\right) E_\infty^2$$

The apparent energy release rate is negative definite and the local energy release rate is positive definite. Both energy release rates vanish for cracks parallel to the poling axis. Cao and Evans (1994) and

Lynch et al. (1995) have demonstrated experimentallythat cracks perpendicular to the poling axis can grow stably under a cyclic electricfield applied in the poling direction; under the same conditions cracks parallel to the poling direction show no significant growth. Although different mechanisms have been proposed (Lynch et al., 1995) to explain such crack growth, it is interesting that a simple fatigue fracture criterion based on the local energy release rate in (61) provides a possible explanation of these experimental observations.

參考文獻

[1] HALLIDAY M A K, et al. The Linguistic sciences and language teaching [J]. Modern Language Review, 1964, 62(1): 106.

[2] 王蓓蕾. 同濟大學ESP教學情況調查 [J]. 外語界, 2004 (1): 35-42.

[3] 秦秀白. ESP的性質、範疇和教學原則——兼談在中國高校開展多種類型英語教學的可行性 [J]. 華南理工大學學報(社會科學版), 2003 (5): 79-83.

[4] 郝可欣. ESP教學模式在大學英語教學中的應用 [J]. 佳木斯職業學院學報, 2014 (2): 359-360.

[5] 吳婷, 張瑜. ESP課程設計模式分析及其對國內高校ESP課程設置的啟示 [J]. 科教導刊, 2014 (1): 131-132.

[6] 錢敏娟. 慕課課程模式下ESP發展新機遇 [J]. 海外英語, 2014 (7): 19-21.

[7] 郭錦輝. 如何用語料庫語言學輔助ESP英語教學 [J]. 現代教育管理, 2008: 120-120.

[8] 張敏. ESP視角下學術詞彙與專業詞彙的邊界: 一項基

於學科語料庫的實證研究 [J]. 中國 ESP 研究, 2016 (2).

[9] 師瑩. 大學英語教師向 ESP 轉型的語料庫途徑探析 [J]. 教書育人（高教論壇）, 2017 (12).

[10] 汪燦燦. 語料庫——ESP 教學的新思路 [J]. 海外英語, 2017 (2): 205-206.

[11] 甄鳳超, 王華. 學習者語料庫數據在外語教學中的應用: 思想與方法 [J]. 外語界, 2010 (6): 72-77.

[12] 李華. 語料庫數據驅動技術下的 ESP 教學模式構築 [J]. 寧波教育學院學報, 2015, 17 (4): 145-149.

[13] 單宇, 張振華. 基於語料庫「數據驅動」的非英語專業 ESP 教學模式 [J]. 新疆大學學報（哲學·人文社會科學漢文版）, 2011, 39 (2): 149-152.

[14] 林巧文, 黃倩兒. 語料庫「數據驅動」輔助 ESP 詞彙教學模式的研究 [J]. 福建師大福清分校學報, 2014 (4): 64-70.

[15] 趙晴. 專門用途語料庫在 ESP 教學中的應用 [J]. 重慶科技學院學報（社會科學版）, 2010 (19): 182-184.

[16] 張濟華, 王蓓蕾, 高欽. 基於語料庫的大學基礎階段 ESP 教學探討 [J]. 外語電化教學, 2009 (4): 38-42.

[17] 秦建華. 基於專門用途英語（ESP）語料庫的詞彙研究——探索大學英語教師向 ESP 教師轉型的途徑 [J]. 內蒙古民族大學學報（社會科學版）, 2013, 39 (2): 89-93.

[18] 姚劍鵬. 語料庫研究與語言教學 [J]. 全球教育展望, 2005, 34 (12): 51-53.

[19] 李廣偉, 戈玲玲, 蔣柿紅. 高等教育國際化背景下的

ESP 語料庫研製及應用研究 [J]. 西安外國語大學學報, 2015, 23（2）: 74-77.

[20] 施稱, 章國英. 醫學英語語料庫在 ESP 課程改革中的應用 [J]. 西北醫學教育, 2015, 23（1）: 129-132.

[21] 周會碧. 基於語料庫的 ESP 教學改革探究 [J]. 英語廣場（學術研究）, 2014（7）: 102-103.

[22] 何中清, 彭宣維. 英語語料庫研究綜述: 回顧、現狀與展望 [J]. 外語教學, 2011, 32（1）: 6-10.

[23] 甄鳳超. 語料庫數據驅動的外語學習: 思想、方法和技術 [J]. 外語界, 2005（4）: 21-29.

[24] 蘇金智, 肖航. 語料庫與社會語言學研究方法 [J]. 浙江大學學報（人文社會科學版）, 2012, 42: 87-95.

[25] 孫翠蘭. 基於語料庫的漢英中動結構對比研究 [J]. 山東大學, 2014.

[26] 高超. 基於語料庫的中國新聞英語主題詞研究 [J]. 北京第二外國語學院學報, 2006（6）: 36-43.

[27] 李晉, 郎建國. 語料庫語言學視野中的外國文學研究 [J]. 外國語（上海外國語大學學報）, 2010（2）: 82-89.

[28] 王斌華, 葉亮. 面向教學的口譯語料庫建設: 理論與實踐 [J]. 外語界, 2009（2）: 23-32.

[29] 張威. 近十年來口譯語料庫研究現狀及發展趨勢 [J]. 浙江大學學報（人文社會科學版）, 2012（42）: 193-205.

[30] 朱曉敏. 基於 COCA 語料庫和 CCL 語料庫的翻譯教學探索 [J]. 外語教學理論與實踐, 2011（6）: 32-37.

[31] 宋紅波, 王雪利. 近十年國內語料庫語言學研究綜述

[J].山東外語教學,2013:41-47.

[32] 吳文岫.短文本分類語料庫的構建及分類方法的研究[J].安徽大學,2015.

[33] 姚爽,馮春園.高校英文網站專用英語語料庫構建方案[J].現代交際,2017:25-26.

[34] 劉華.超大規模分類語料庫構建[J].現代圖書情報技術,2006(22):71-73.

[35] 李文中.語料庫標記與標註:以中國英語語料庫為例,外語教學與研究,2012:336-345.

[36] 王克非.中國英漢平行語料庫的設計與研製[J].中國外語,2012(9):23-27.

[37] RILEY W J, FISK W J, GADGIL A J. Regional and national estimates of the potential energy use, energy cost and CO_2 emissions associated with radon mitigation by sub-slab depressurization [J]. Energy and Buildings, 2008 (24): 203-212.

[38] LEDERHOS J P, LONG J P, SUM A, et al. Effective kinetic inhibitors for natural gas hydrates [J]. Chemical Engineering Science, 1996 (51): 1221-1229.

[39] DICKS A L. Hydrogen generation from natural gas for the fuel cell systems of tomorrow [J]. Journal of Power Sources, 1996 (61): 113-124.

[40] NIKOLSKY G M. The energy distribution in the solar EUV spectrum and abundance of elements in the solar atmosphere [J]. Solar Physics, 1969 (6): 399-409.

[41] WEBB D J. Tides and tidal energy [J]. Contemporary

Physics, 1982 (23): 419-442.

[42] VARJANI S J. Microbial degradation of petroleum hydrocarbons [J]. Bioresource Technology, 2016 (223): 277-286.

[43] RAVEENDRAN K, GANESH A, KHILAR K C. Pyrolysis characteristics of biomass and biomass components [J]. Fuel, 1996 (75): 987-998.

[44] LANDBERG L. Short-term prediction of the power production from wind farms [J]. Journal of Wind Engineering & Industrial Aerodynamics, 1999 (80): 207-220.

[45] TAYLOR K C, NASR-EL-DIN H A. Water-soluble hydrophobically associating polymers for improved oil recovery: A literature review [J]. Journal of Petroleum Science & Engineering, 1998 (19): 265-280.

[46] ROISENBERG M, SCHOENINGER C, SILVA R R D. A hybrid fuzzy-probabilistic system for risk analysis in petroleum exploration prospects [J]. Expert Systems with Applications, 2009 (36): 6282-6294.

[47] TAYLOR T B. Storage of solar energy [J]. Proceedings of the Indian Academy of Sciences, 2 (1979) 319-330.

[48] GUSTAVSSON L, BöRJESSON P, JOHANSSON B, et al. Reducing CO_2 emissions by substituting biomass for fossil fuels [J]. Energy, 1995 (20): 1097-1113.

[49] KOK B, BENLI H. Energy diversity and nuclear energy for sustainable development in Turkey [J]. Renewable Energy, 2017 (111): 870-877.

［50］戴豔陽.淺議專業英文文獻閱讀能力的培養［J］.中國電力教育,2010（28）:212-213.

［51］TAKTAK F, KHARBACHI S, BOUAZIZ S, et al. Basin dynamics and petroleum potential of the Eocene series in the gulf of Gabes, Tunisia［J］. Journal of Petroleum Science & Engineering, 2010（75）: 114-128.

［52］馬萬超.科技英語詞彙的特點及其翻譯［J］.鹽城師範學院學報（人文社會科學版）,2006（26）:73-75.

［53］張芳芳,趙美雲.試論科技英語（EST）詞彙的特點與漢譯［J］.湖南工業職業技術學院學報,2007（7）:153-155.

［54］韓琴.科技英語特點及其翻譯［J］.中國科技翻譯,2007（20）:5-9.

［55］張國揚,程世祿.科技英語文獻的詞彙特點［J］.廣州師院學報（社會科學版）,1996:72-75.

［56］李丙午,燕靜敏.科技英語的名詞化結構及其翻譯［J］.中國科技翻譯,2002（15）:5-7.

［57］梁茂成,熊文新.文本分析工具PatCount在外語教學與研究中的應用［J］.外語電化教學,2008:71-76.

國家圖書館出版品預行編目（CIP）資料

ESP：能源行業語料庫研究 / 沈奕利 編著. -- 第一版.
-- 臺北市：崧博出版：財經錢線文化發行, 2019.05
　　面；　公分
POD版

ISBN 978-957-735-839-4(平裝)

1.能源 2.語料庫

400.15   108006397

書　　　名：ESP：能源行業語料庫研究
作　　　者：沈奕利 編著
發 行 人：黃振庭
出 版 者：崧博出版事業有限公司
發 行 者：財經錢線文化事業有限公司
E - m a i l：sonbookservice@gmail.com
粉絲頁：　　　　　　網　址：
地　　　址：台北市中正區重慶南路一段六十一號八樓 815 室
8F.-815, No.61, Sec. 1, Chongqing S. Rd., Zhongzheng
Dist., Taipei City 100, Taiwan (R.O.C.)
電　　　話：(02)2370-3310　傳　真：(02) 2370-3210
總 經 銷：紅螞蟻圖書有限公司
地　　　址：台北市內湖區舊宗路二段 121 巷 19 號
電　　　話:02-2795-3656 傳真:02-2795-4100　　網址：
印　　　刷：京峯彩色印刷有限公司（京峰數位）

本書版權為西南財經大學出版社所有授權崧博出版事業股份有限公司獨家發行電子書及繁體書繁體字版。若有其他相關權利及授權需求請與本公司聯繫。

定　　　價：280元
發行日期：2019 年 05 月第一版
◎ 本書以 POD 印製發行